jQuery Standard Design Lesson

jQuery 標準デザイン講座

Lectures and Exercises
30Lessons

神田 幸恵 著
Yukie Kanda

Published by SHOEISHA CO., LTD.
http://www.shoeisha.co.jp

本書内容に関するお問い合わせについて

このたびは翔泳社の書籍をお買い上げいただき、誠にありがとうございます。弊社では、読者の皆様からのお問い合わせに適切に対応させていただくため、以下のガイドラインへのご協力をお願い致しております。下記項目をお読みいただき、手順に従ってお問い合わせください。

●ご質問される前に

弊社 Web サイトの「正誤表」をご参照ください。これまでに判明した正誤や追加情報を掲載しています。

正誤表　https://www.shoeisha.co.jp/book/errata/

●ご質問方法

弊社 Web サイトの「刊行物 Q&A」をご利用ください。

刊行物 Q&A　https://www.shoeisha.co.jp/book/qa/

インターネットをご利用でない場合は、FAX または郵便にて、下記“翔泳社 愛読者サービスセンター”までお問い合わせください。
電話でのご質問は、お受けしておりません。

●回答について

回答は、ご質問いただいた手段によってご返事申し上げます。ご質問の内容によっては、回答に数日ないしはそれ以上の期間を要する場合があります。

●ご質問に際してのご注意

本書の対象を越えるもの、記述個所を特定されないもの、また読者固有の環境に起因するご質問等にはお答えできませんので、予めご了承ください。

●郵便物送付先および FAX 番号

送付先住所　〒 160-0006　東京都新宿区舟町 5
FAX 番号　03-5362-3818
宛先　（株）翔泳社 愛読者サービスセンター

※本書に記載された URL 等は予告なく変更される場合があります。
※本書の出版にあたっては正確な記述につとめましたが、著者や出版社などのいずれも、本書の内容に対してなんらかの保証をするものではなく、内容やサンプルに基づくいかなる運用結果に関してもいっさいの責任を負いません。
※本書に掲載されているサンプルプログラムやスクリプト、および実行結果を記した画面イメージなどは、特定の設定に基づいた環境にて再現される一例です。
※本書に記載されている会社名、製品名はそれぞれ各社の商標および登録商標です。

はじめに

こんにちは、神田幸恵です。
私は日々、各種セミナーやワークショップ、専門学校の講師として web デザインの楽しさを日本全国でお伝えしています。

セミナーや講義の際、私はよく jQuery による制作をブロック遊びに例えます。セレクタやメソッドを組み合わせてスクリプトを構築していく過程は、ブロックでお城などを作るのに似ていると思うのです。理想のお城を作るにはブロック一つ一つの特性を理解し、それらをどう組み合わせればよいか考えられる力が必要です。本書執筆のお話を頂いた際、生意気にも私は、jQuery におけるそういった設計力を養えるような内容にしたい！とお願いしました。

本書では、ベーシックなものから最近よく見られる流行りのものまで、jQuery を使った様々なサンプルを紹介しています。これだけでも充分お役に立てる自信はあるのですが、それぞれのサンプルを完成させるにあたって、どのような機能が必要なのか、それはどのメソッドに落とし込めるのかといった設計手順の解説にも力を入れているのが本書の特徴です。

出来合いのプラグインも便利ですが、自分で書いたスクリプトはカスタマイズも楽ですし、何より「作る楽しみ」を与えてくれます。ページを進める毎に難易度はどんどん上がりますが、全て読み終えた時には相当の力がついているはずです。
どうぞ楽しみにしてください。

現在は、皆が技術や知識を惜しみなく提供するシェアの時代です。jQuery の開発者であるジョン・レシグ氏に、私はもちろんお会いしたことはありません。そんな私がご本人の知らぬ間に本書をこっそり書き上げ、それがまた（おそらく）やはり未だお会いしたことのない皆様の手に届く。これは jQuery のライセンスがとても寛容で、シェアの精神に則ったものであるからこそ実現したご縁です。

氏から私、私から皆さん、そして今度は皆さんから他の誰かへ。一緒に制作の喜びを共有して行きましょう。

2015 年 12 月　著者

CONTENTS

目次

［本書の特徴］
本書は全7章·30のLESSONからできています。Chapter01～02はjQueryの学習のための基礎知識の解説パート、Chapter03～07はjQueryのサンプルを制作していくパートです。LESSONは考え方や仕組みを解説する「講義」と、実際に手を動かしてコードを書いていく「実習」に分かれています。Chapter03からのLESSONは難度順に少しずつステップアップしていきますので、自分のペースで学習を進めてください。

［学習用サンプルファイルについて］
本書ではサンプルファイルを使って、実際にコードを書きながら学習を進められます。
サンプルファイルは下記のURLからダウンロードできます。
URL https://www.shoeisha.co.jp/book/download/9784798136226
サンプルファイルを使った実習があるLESSONでは、使用するファイルの場所を冒頭に記載しています。記載にしたがって該当のファイルを開き、学習を進めてください。

ORIENTATION

レッスンを始める前に

本書の対象

本書は、HTML5とCSS3を学習した方が、WebデザインのスキルアップとしてjQueryをはじめて学ぶための入門書です。すでにHTML5とCSS3について基礎的な知識があることを前提として、jQueryを使ったWebデザインの学習に絞って解説を行っていきます。

※HTML5とCSS3について学びたい方は、『HTML5 & CSS3 標準デザイン講座』(草野あけみ著、翔泳社刊)をおすすめします。

学習用サンプルファイル

本書での学習は、学習用サンプルファイルを使って実際にソースコードを書きながら進めていきます。学習用のサンプルファイルは下記のURLからダウンロードしてください。

●学習用サンプルファイル

URL:https://www.shoeisha.co.jp/book/download/9784798136226

サンプルファイルを使った実習があるLESSONでは、使用するファイルの場所を冒頭に記載しています。記載にしたがって該当のファイルを開き、学習を進めてください。

本書での学習に必要な制作環境

サンプルファイルを使った学習は、テキストエディタでのソースコード記述と、Webブラウザでの表示確認によって行います。

Webブラウザは、HTML5とCSS3に対応したモダンブラウザ(IE10以上、Google Chrome、Firefox、Opera、Safariなど)をご利用ください。テキストエディタは、文字コードを正しく判別できるエディタであれば、普段から使い慣れたもので構いません。

Memo 本書のサンプルファイルは基本的に文字コードUTF-8(BOM無し)で書かれています。

なお、使用するOSはWindws、Macどちらでも構いません。

デバッグについて

本書を使って学習を進めていく際、ソースコードの記述にスペルミスや半角／全角の間違いなどがあると、ちょっとしたことでもスクリプトは動かなくなってしまいます。 ここではそうしたエラー時の対策として、ブラウザの機能を利用してエラーの原因を調べる（デバッグ）方法を紹介します。

Google Chrome の「検証」を使用する

Google Chrome には、「検証」という機能があります。この機能を使うと、jQuery がページに変更を加えた箇所を確認することができます。

例えば、以下のソースコードは、index.html に対して jQuery で button 要素の背景色を青色に変更している例です。

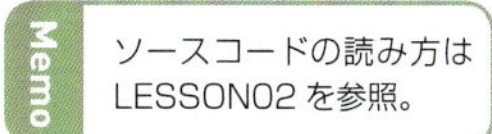

Memo
ソースコードの読み方は
LESSON02 を参照。

HTML index.html

```
<!doctype html>
<html>
<head>
<!-- 省略 -->
</head>
<body>
  <button>jQuery</button>
</body>
</html>
```

JS script.js

```
$(function(){
    $("button").css("background", "#000033");
});
```

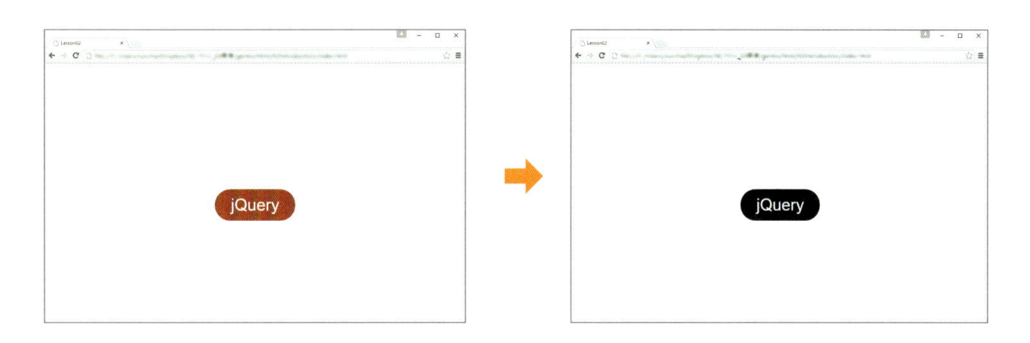

ブラウザ上で背景色が変更されたボタンを右クリックして「検証」を選択すると、ボタン付近のソースコードを確認することができます。

●検証

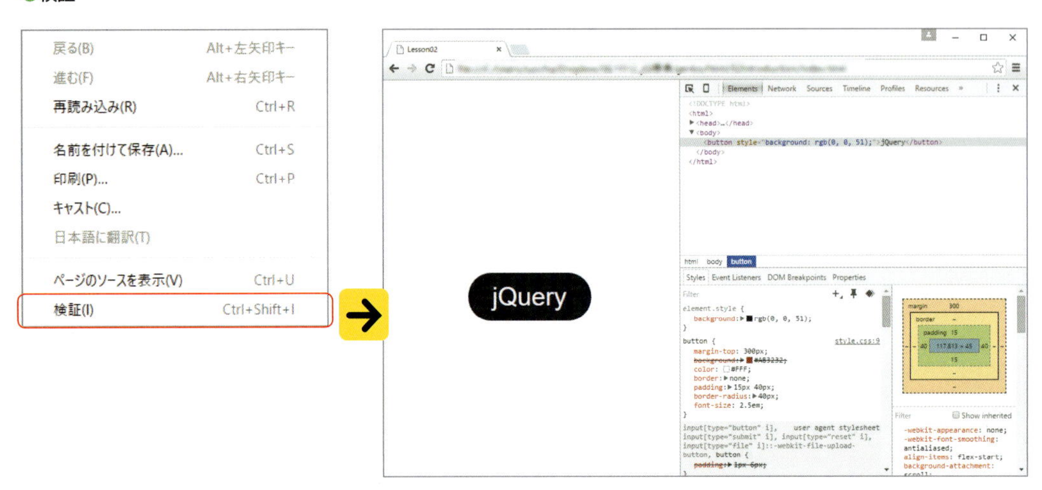

画面右上の「Elements」には該当箇所のHTML、右下の「Styles」にはCSSがそれぞれ表示されます。「Elements」内のソースコードを確認してみましょう。jQueryによって元のHTMLのbutton要素にstyle属性が追加され、その結果ボタンの背景色が変更されていることがわかります。

● Elements上のbutton要素

```
▼<body>
    <button style="background: rgb(0, 0, 51);">jQuery</button>
  </body>
```

エラー箇所を見つける

jQueryスクリプトのcss()メソッドのスペルを以下のように誤った記述に変更し、わざとエラーが起こる表記にしてみるとどうなるでしょうか。

JS script.js

```
$(function(){
    $("button").sss("background", "#000033");
});
```

この状態でブラウザをリロードし、再度「検証」で確認を行います。
今度はbutton要素にstyle属性が加えられていないことがわかります。

●要素の検証

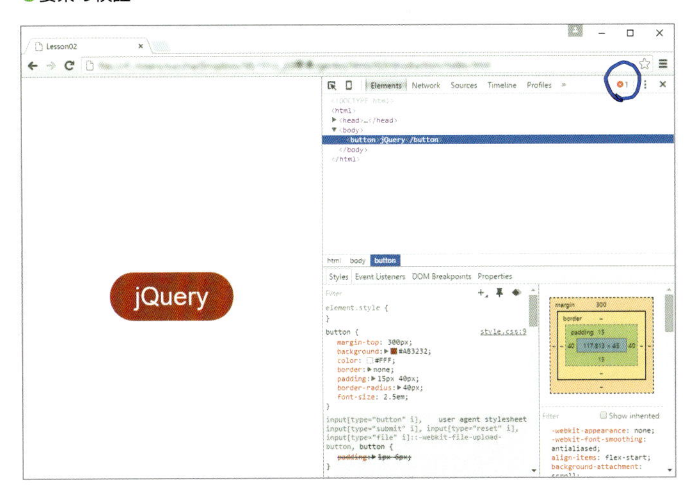

● Elements 上の button 要素

```
▼<body>
   <button>jQuery</button>
 </body>
```

エラーの原因は画面右上の「Console」で確認することができます。

● Console 画面

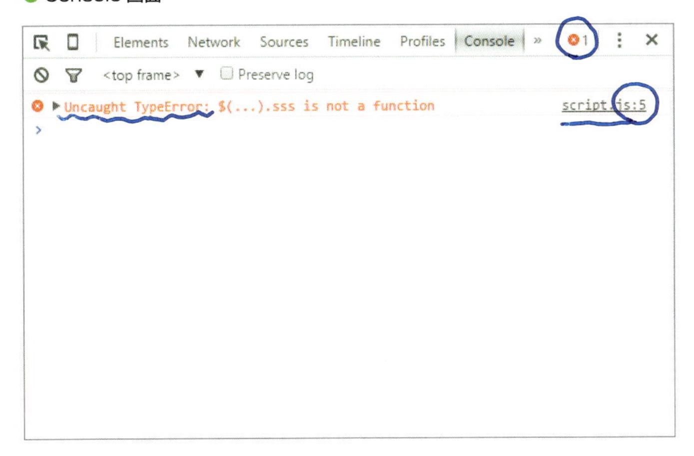

表記が英語なのでわかりづらいかもしれませんが、タイプエラーを起こしていることと、該当箇所が script.js の 5 行目であることを教えてくれています。

● Consoleのメッセージ

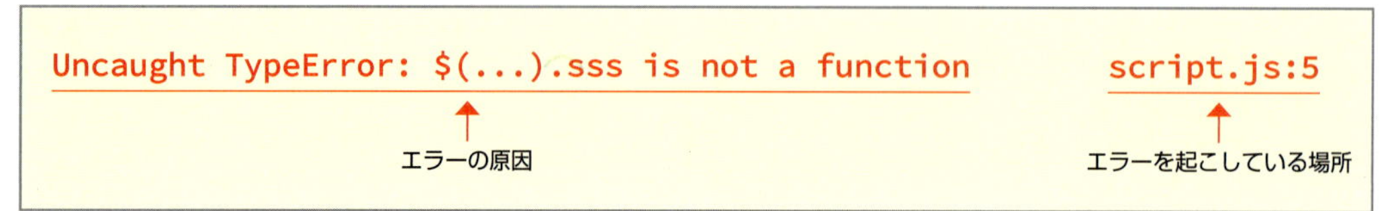

このようにブラウザの機能を利用すると、内容上表からは確認することができない部分もチェックすることができるので便利です。ぜひ活用してみてください。

その他のブラウザによるデバッグ

Google Chromeだけでなく、その他のブラウザでも同等の機能が用意されています。

Firefoxでは「要素の調査」、Safariでは「要素の詳細を表示」、Internet Explorerでは「要素を調査」がそれぞれ該当し、いずれも右クリックで使用することができます。

なお、Safariの場合は、事前に「環境設定」の「詳細」で「メニューバーに“開発”メニューを表示」にチェックを入れておく必要があります。

Chapter 01

jQueryの基礎知識

まずは、jQueryがどんなものであるかを知るところから始めましょう。本章では、jQueryの概要を学んだあと、実際にjQueryをwebページに導入する方法について学習します。

jQueryの基礎知識

jQueryの概要

これからjQueryの学習を始めるにあたり、まずはJavaScriptとjQueryの関係や、jQueryの特徴とメリットを知っておきましょう。

講義 JavaScriptとjQuery

JavaScriptとは

「JavaScript」は、webページに組み込むことができ、ブラウザ上で動作する、プログラミング言語の1つです。webページにJavaScriptを組み込むことで、HTMLとCSSだけでは実現できない「条件によって結果が変わるようなwebページ」を作成することができるようになります。

例えば写真関係や商品紹介のページなどでよく見かける下図のようなフォトギャラリーは、「条件によって結果が変わるようなwebページ」の一例です。このような、ユーザーの操作によって表示が変化するページの制作には、JavaScriptが必要になります。

●フォトギャラリーの例

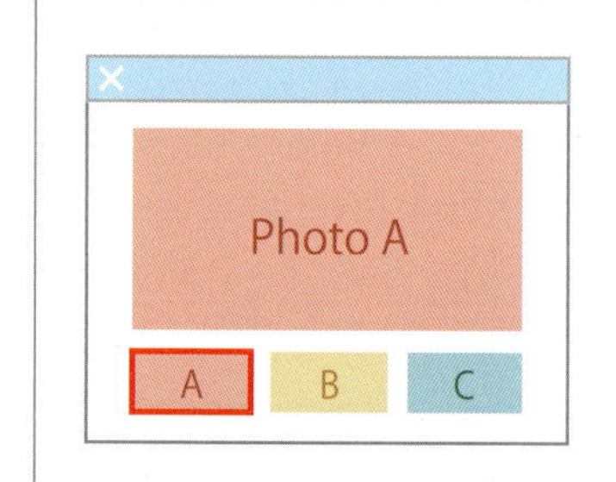

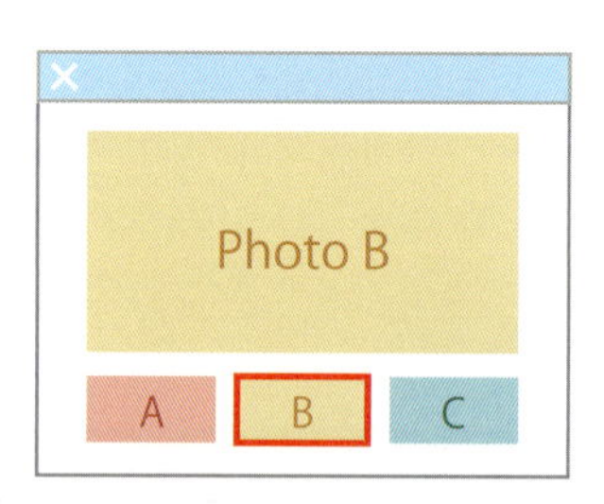

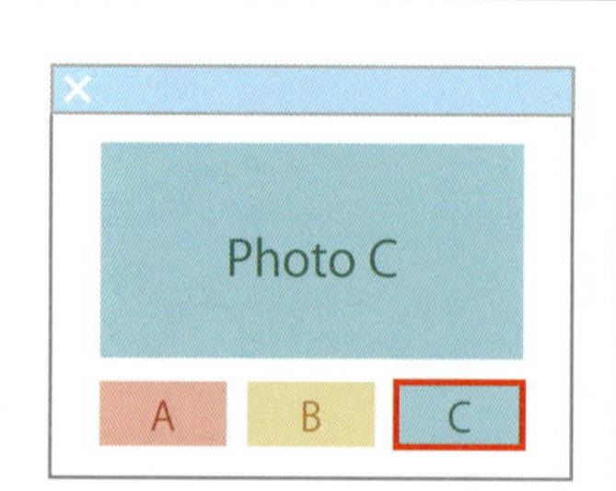

条件（ユーザーが選択したサムネール）によって 結果（写真）が変わる

JavaScriptライブラリ

JavaScriptを使えば、アイデアと工夫次第でwebページに様々な演出をすることが可能になりますが、JavaScriptはプログラミング言語ですので、実装にはプログラミングの知識が必要になります。

ただし、全ての仕組みをゼロからプログラミングしなければならないわけではありません。JavaScriptを簡単に扱えるように、よく使用する機能をまとめた「JavaScriptライブラリ」というものがあります。

プログラミングが専門でない人でも、JavaScriptライブラリを組み合わせることで、効率のよい制作を行うことができるようになります。

●フォトギャラリーに必要な機能の例

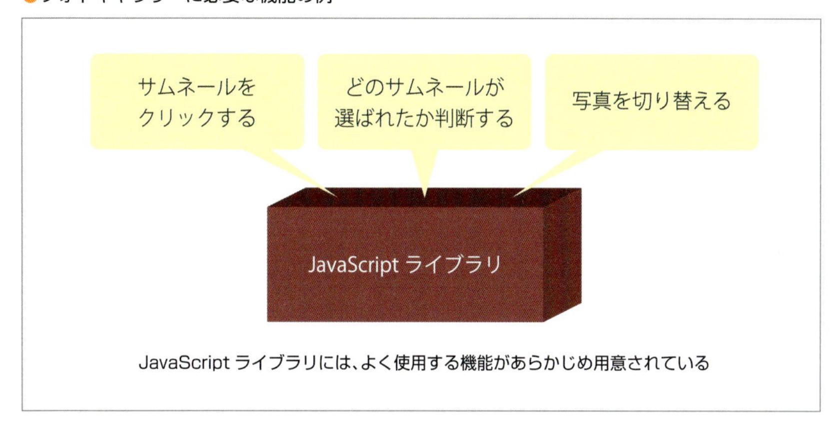

JavaScriptライブラリには、よく使用する機能があらかじめ用意されている

jQuery

「jQuery」は、こうしたJavaScriptライブラリの1つです。数あるライブラリの中でも人気が高く、世界中で利用されています。jQueryを扱えるようになることで、JavaScriptをwebページに簡単に導入することができるようになります。

jQueryには以下のような利点があります。

▶クロスブラウザ対策

JavaScriptはブラウザによって異なった解釈をされる場合があります。そのため、あるブラウザでは正常に動作しても、別のブラウザでは正常に動作しないなどのwebサイトの不具合につながる可能性があります。

jQueryでは、そのようなブラウザごとのJavaScript解釈の違いを吸収する仕組みがあらかじめ備わっており、動作環境の違いによるトラブルを極力回避することができます。

▶効率の良い制作

前述の通り、jQueryでは作り手がよく使う機能があらかじめ準備されているので、通常のJavaScriptで書くよりもソースコードの記述が簡略化できます。

以下のコードは、任意のwebページ上にある全てのp要素の文字色を赤に変更するスクリプトです。JavaScriptで書いた場合とjQueryで書いた場合を比較すると、jQueryの方が短い記述で済むことが一目瞭然です。

● JavaScriptで書いた場合

```
var elements = document.getElementsByTagName("p");

for(var i = 0; i < elements.length; i++){
    elements[i].style.color = "#FF0000";
}
```

Memo

jQueryのみでも様々な効果が実現できますが、JavaScriptを組み合わせるとより高度な制作ができるようになります。本書の後半ではJavaScriptを取り入れた制作も紹介していますので、是非チャレンジしてみてください。

● jQueryで書いた場合

```
$("p").css("color", "#FF0000");
```

▶ 商用利用が可能

jQueryは、MIT Licenseというライセンス形態で無償提供されています(バージョン1.8以降より。それ以前はMIT LicenseとGNU GPLバージョン2のデュアルライセンス)。MIT Licenseは商用利用が可能なことから、実務でも様々な案件で使うことができます。

▶ 豊富なプラグイン

jQueryには、各種効果をひとまとめにした「プラグイン」が多数提供されています。

例えば先ほど紹介したフォトギャラリーも、プラグインの形で様々なものが存在します。プラグインを導入することで、jQueryのソースコードを書かなくてもすぐに自分のサイトにフォトギャラリーが実装できます。

●フォトギャラリーのプラグインの例

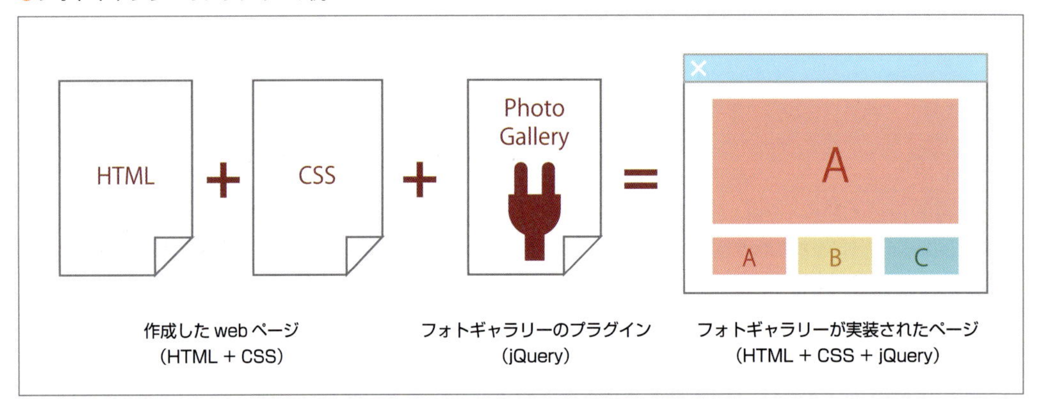

jQueryを根本から理解して設計力を養う

本書では、プラグインは使用せずに、ゼロからjQueryのスクリプトを組み上げていく方法を紹介していきます。jQueryを基本からしっかり習得することによって、思い通りの効果を自力でwebサイトに実装できるようになりましょう。

COLUMN

jQuery プラグインに頼ることのデメリット

上述のように、jQueryではプラグインが豊富に用意されているので、ソースコードの書き方を覚えずとも、webページにさまざまな効果を取り入れることができます。ただし、プラグインの利用では、次のような問題も起こりえます。

プラグインを見つけること自体が大変な場合がある

例えばフォトギャラリーの場合、全体のデザインやサムネールのレイアウトなど、自分の希望に100%合致するプラグインを延々とネット上で探し回るのはとても大変です。そもそも希望に適ったプラグインが必ず存在するとは限りません。

プラグインを導入してもうまく動作しない場合がある

プラグインは、全てのwebページで動作することを前提に作られているわけではありません。そのため理想のプラグインを見つけて導入しても、正しく機能してくれない場合があります。

プラグインのアレンジは難しい

ちょっとしたレイアウトやアニメーションの変更等、導入したプラグインをアレンジしたい場合、jQueryの仕組みがわかっていなければ、プラグイン内のどのファイルのどこに手を入れれば良いのか、自分で見つけ出すのは至難の業です。

なお、本書の巻末では、補講としてプラグインの利用例を掲載しています。参考にしてください。

POINT

- jQuery は JavaScript ライブラリの 1 つで、世界中で使われている
- jQuery を使うことで、JavaScript を簡単に web ページに導入できる
- jQuery プラグインは便利だがデメリットもあるので、自力で実装できる力をつけておくのが望ましい

jQueryの基礎知識

jQueryの導入

さっそく、jQueryをwebページに導入してみましょう。サンプルファイルを使って、HTMLからjQuery本体を参照する方法を解説します。

サンプルファイルはこちら 

実習 jQueryのダウンロードとサンプルの動作

公式サイトからjQueryをダウンロード

本書の学習ではサンプルファイル内にあらかじめjQueryファイルが用意されているのでダウンロードの必要はありませんが、実際に自分で制作する場合は、jQueryの公式サイトから適切なものをダウンロードする必要があります。

1 jQuery公式サイトにアクセス

jQueryの公式サイトはhttps://jquery.com/です。

サイトへアクセスして、画面右側の［Download jQuery］ボタンからダウンロードページへ移動します。

● jQuery公式サイト（https://jquery.com/）

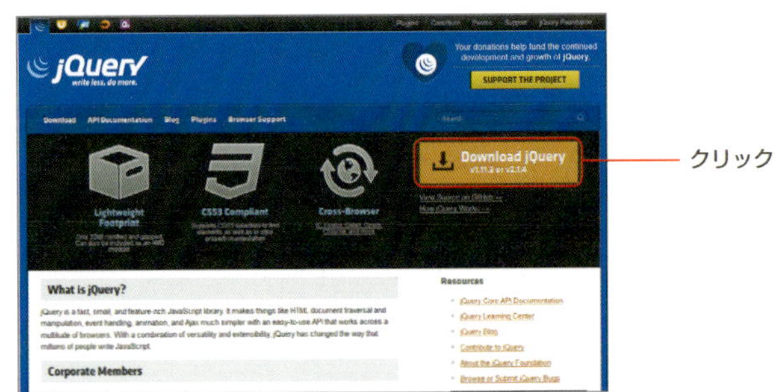

2 jQueryのバージョン

jQueryには、jQuery 1.xとjQuery 2.xの2種類のバージョンが用意されています。両者の違いは主に動作サポート対象のブラウザにあります。jQuery2.xの方が軽量かつ高速で動作も安定していますが、IE6/7/8はサポート対象外になっています。

Memo
本書のサンプルではjQuery 2.xを使用しています。

	Internet Explorer	Chrome	Firefox	Safari	Opera	iOS	Android
jQuery 1.x	6以上	最新版	最新版	5.1以上	12.1x、最新版	6.1以上	2.3、4.0以上
jQuery 2.x	9以上						

3 compressedとuncompressed

jQuery 1.xとjQuery 2.xのどちらも、ダウンロードリンクにはcompressedとuncompressedの2種類が用意されています。

● compressedとuncompressed

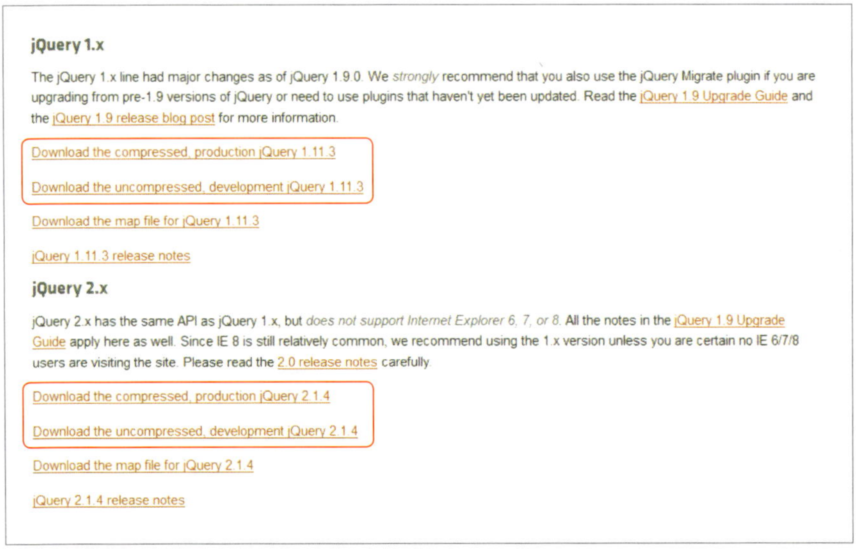

jQuery 1.x

The jQuery 1.x line had major changes as of jQuery 1.9.0. We *strongly* recommend that you also use the jQuery Migrate plugin if you are upgrading from pre-1.9 versions of jQuery or need to use plugins that haven't yet been updated. Read the jQuery 1.9 Upgrade Guide and the jQuery 1.9 release blog post for more information.

Download the compressed, production jQuery 1.11.3

Download the uncompressed, development jQuery 1.11.3

Download the map file for jQuery 1.11.3

jQuery 1.11.3 release notes

jQuery 2.x

jQuery 2.x has the same API as jQuery 1.x, but *does not support Internet Explorer 6, 7, or 8*. All the notes in the jQuery 1.9 Upgrade Guide apply here as well. Since IE 8 is still relatively common, we recommend using the 1.x version unless you are certain no IE 6/7/8 users are visiting the site. Please read the 2.0 release notes carefully.

Download the compressed, production jQuery 2.1.4

Download the uncompressed, development jQuery 2.1.4

Download the map file for jQuery 2.1.4

jQuery 2.1.4 release notes

compressedはいわゆる「圧縮版」です。対してuncompressedは「非圧縮版」になります。

名前の通り前者の方が軽量化されているため、特別な理由がない限り、制作には通常compressedの方を使用します。

ダウンロードリンクはjQuery本体ファイル「jQuery-2.1.4.js」に直接リンクされているので、右クリックで［名前を付けてリンク先を保存］からPCに保存しましょう。

●右クリックからダウンロード

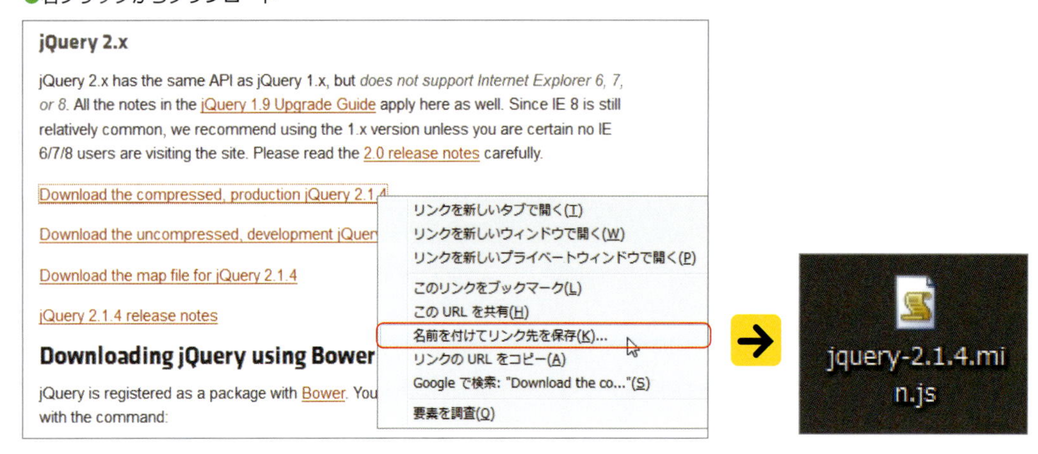

サンプルファイルのjQueryを動かしてみる

1 サンプルファイルのフォルダ構成

本LESSONで使用するサンプルのフォルダ構成は、以下のようになっています。
jQuery本体ファイルは、jsフォルダの下に置いてあります。

●サンプルのフォルダ構成

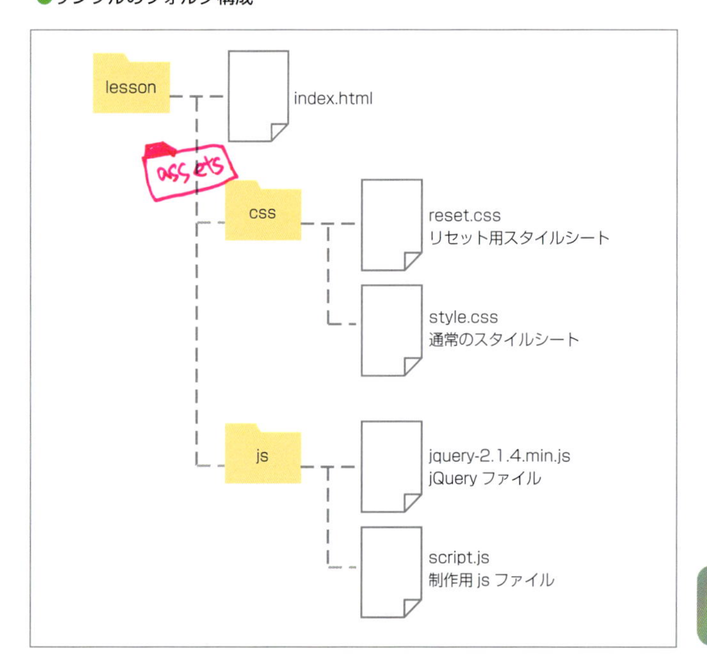

Memo
以降、本書のサンプルファイルは全て同様の構成になっています。

2 サンプルファイルを開く

サンプルファイル内のindex.htmlをブラウザで開きます。

ページ中央に赤いボタンのあるページが表示されます。これからjQueryを使って、このボタンに変更を加えます。

【index.html】

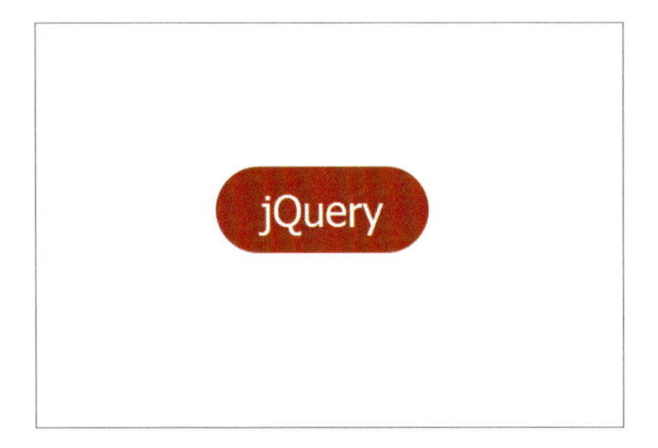

HTML index.html

```
<!doctype html>
<html>
<head>
<meta charset="UTF-8">
<title>Lesson02</title>
<link rel="stylesheet" href="css/reset.css">
<link rel="stylesheet" href="css/style.css">
</head>
<body>
  <button>jQuery</button>
</body>
</html>
```

3 jQuery本体を参照する

まずはHTMLからjQueryを使えるようにします。

テキストエディタでindex.htmlを開き、下記のようにscriptタグを追記して、head要素内にjQuery本体ファイルのパスを記載します。

```
<!doctype html>
<html>
<head>
<meta charset="UTF-8">
<title>Lesson02</title>
<link rel="stylesheet" href="css/reset.css">
<link rel="stylesheet" href="css/style.css">
<script src="js/jquery-2.1.4.min.js"></script>  ← jQuery本体
</head>
<body>
  <button>jQuery</button>
</body>
</html>
```

4 制作用jsファイルを参照する

次に、jQuery本体とは別に、jQueryを使って何を行うか処理内容を書いた制作用jsファイルを読み込めるようにします。

この制作用jsファイルの名前は任意ですが、サンプルではscript.jsというファイルをjsフォルダの下に用意してあります。jQuery本体と同様、こちらもscriptタグを使ってhtmlから参照します。

```
<!doctype html>
<html>
<head>
<meta charset="UTF-8">
<title>Lesson02</title>
<link rel="stylesheet" href="css/reset.css">
<link rel="stylesheet" href="css/style.css">
<script src="js/jquery-2.1.4.min.js"></script>
<script src="js/script.js"></script>  ← 制作用jsファイル
</head>
<body>
<button>jQuery</button>
</body>
</html>
```

COLUMN

JavaScriptファイルを参照する順番

ブラウザでは、基本的に上から下へスクリプトを読んでいきます。したがって、jQueryの処理を実行するためには、先にjQuery本体ファイルが読み込まれていなければなりません。
例えば下記のように2つのjsファイルの参照順を逆にした場合、jQueryが正しく実行されないので注意しましょう。

上から下へ実行

```
<!doctype html>
<html>
...
<script src="js/script.js"></script>
<script src="js/jquery-2.1.4.min.js"></script>
...
</html>
```

- <script src="js/script.js"></script> ← まだjQuery本体が読み込まれていないのでエラーになる
- <script src="js/jquery-2.1.4.min.js"></script> ← jQuery本体はここで読み込まれる

5 jQueryのスクリプトを実行してみる

いよいよjQueryのスクリプトを実行します。制作用のファイルscript.jsをエディタで開きます。
ファイル内には、3行のスクリプトがjQueryの書式で書かれています。

【script.js】

```
$(function(){
    // $("button").html("Click");
});
```

1行目、3行目については後ほど、本LESSONの講義にて紹介します。
2行目は、冒頭に「//」をつけてコメントアウトしてあります（次ページコラム参照）。

2行目を実行させるために、「//」を削除し、コメントを外します。

【script.js】

```
$(function(){
    $("button").html("Click");
});
```

script.jsを保存してからブラウザをリロードし、表示を確認してみましょう。

Memo
jsファイルを変更した場合、結果の確認にはjsファイルの保存とブラウザのリロードが必要になります。

【index.html】

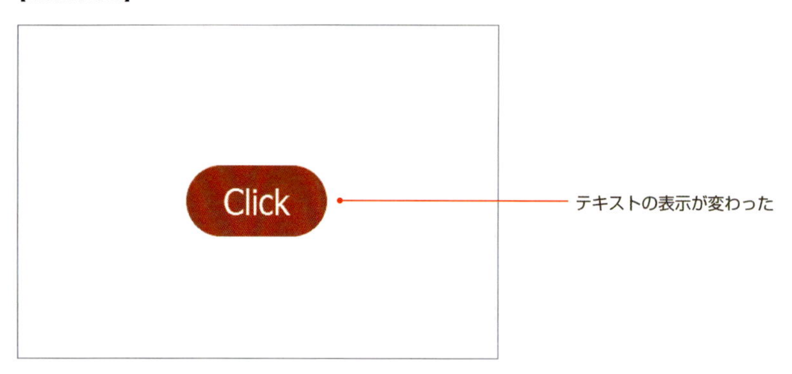

ボタンのテキストが「jQuery」から「Click」に変わっていれば、サンプルの jQuery スクリプトが正しく実行されたことになります。うまくいかない場合は、ここまでの作業が正しく行えているか再確認してみてください。

COLUMN

JavaScript のコメント文

JavaScriptには、2種類のコメント文が存在します。

「//」をつけると、それ以降行末までの内容はコメントの扱いになります。また、「/*」と「*/」で囲んだ範囲は、複数行にまたがってコメント扱いになります。

● JavaScript のコメント文

```
// 1行コメントの書き方
// ここに書かれている内容は実行されません

// 複数行のコメントの書き方
/* ここに書かれている内容は
実行されません */
```

コメント扱いされた箇所のスクリプトは実行されません。各種覚書や、動作検証で一部のスクリプトをスキップしたい時に役立ちます。

jQueryの基本構成

jQueryの組み込み方法

jQueryをHTMLページ内で使用するには、HTMLファイル内のhead要素の中で、scriptタグを使ってjQueryファイルの場所を参照する必要があります。jQuery本体ファイル参照のほかに、実行する処理が書かれたjQueryスクリプトファイルの参照もあわせて記述します。

● scriptタグでjQueryを組み込む

```
<head>
<script src="jQuery本体ファイルへのパス"></script>
<script src="実行するjQueryスクリプトファイルへのパス"></script>
</head>
```

jQueryの実行予約

ブラウザは通常、上から順にスクリプトを読んでいきます。サンプルの例では、まずHTMLのhead要素を読み、最初のscript要素でjQuery本体のファイルを、次のscript要素でscript.jsを読みにいき、その後にbody要素を読みにいきます。つまり、jQueryの処理内容が書かれたscript.jsを読んだ時点では、body内にあるbutton要素はまだブラウザに読み込まれていないことになります。

● JavaScriptファイルの読み込み順序

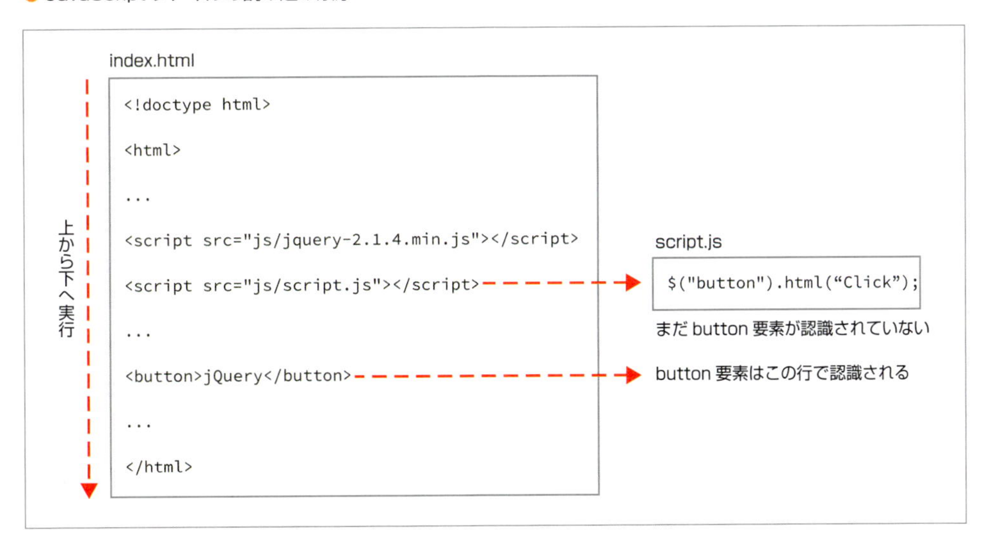

そこで、HTMLが読み終わるまでスクリプトの実行を待たせるのが、サンプルの1行目と3行目のコード「$(function(){」～「});」です。

● jQueryの実行予約

```
$(function(){
        // HTMLの読み込みが完了したら、内部に書かれた処理を実行
});
```

このコードは「HTMLの読み込みが完了したら処理を開始してください」という意味を持っており、これによってHTMLの要素の読み込みが全て終わってからjQueryの処理が実行されるようになります。ほとんどの制作で必要になるはずですので、忘れずに記述しましょう。

Memo

$(function(){}) は、正式な記述である$(document).ready(function(){}) の省略形です。どちらを使用しても動作に違いはありません。本書では前者を使用します。

POINT

- jQueryはHTML内でscriptタグを使って組み込む
- 通常jQueryは上から順に実行されるが、実行順序を予約することもできる

Chapter 02

jQueryの文法

jQueryには一定の書き方の決まりがあります。本章では、最低限本書の学習に必要な基礎知識として、セレクタやメソッドなどのjQueryの基本的な文法と、変数や関数、条件分岐といったJavaScriptの基礎構文について学びます。

jQueryの文法

jQueryの文法

jQueryの基本となる、セレクタ、メソッド、引数について解説します。特にメソッドはたくさんの種類がありますが、一度にすべてを覚える必要はありません。まずは一通り目を通しておき、次章以降のサンプル制作でわからない項目が出た場合に、このLESSONに戻って再確認するようにしてください。

講義1 jQueryの基本構文

セレクタ・メソッド・引数

jQueryの構文は、「セレクタ」と、「メソッド」およびその「引数」で構成されています。

```
$(セレクタ).メソッド(引数);
```

これをLESSON02のスクリプトに当てはめると以下のようになります。「button」がセレクタ、「html」がメソッド、「Click」がその引数になります。

```
$(セレクタ).メソッド(引数);
↓
$("button").html("Click");
```

Memo

行頭の$マークは、jQueryのコードであることを示す識別子です。行末の；（セミコロン）はJavaScriptの命令の終わりを現します。$マークから；までがjQueryの1つの命令になります。

セレクタ

セレクタは、構文の主語のようなものに相当します。先の例ではセレクタに "button" が設定されており、これは HTML の button 要素を指します。

詳しくは巻末のリファレンスにまとめてありますが、スタイルシートでのセレクタとほぼ同様のルールが適用されるので、CSS に親しんでいれば簡単に扱うことができます。

Memo セレクター覧 (p.293 参照)

メソッド

メソッドは構文の動詞のようなものに相当します。あらかじめ jQuery 側で用意されている様々なメソッドから、必要なものを組み合わせて使用します。たくさんのメソッドを知ることでボキャブラリーが広がり、多様な制作が可能になります。

先の例のスクリプトで使用されているのは html() メソッドです。これは HTML の内容を扱うためのメソッドです。

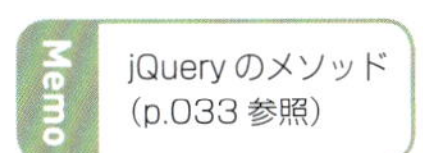

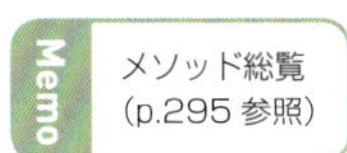

引数（ひきすう）

引数はメソッド対してさまざまな指定を加えるものです。指定できる引数の内容や、指定方法はメソッドごとに決められています。引数をつけない（つかない）用法・用途もあります。

先の例のスクリプトでは「Click」という引数が設定されています。

以上の 3 つを踏まえて、あらためて先ほどのソースコードを読み解くと、以下のようになります。ここではまず、jQuery の基本構文が、セレクタ、メソッド、引数によって作られることを覚えてください。

```
$(セレクタ).メソッド(引数);
        ↓
$("button").html("Click");
        ↓
button要素のHTMLの内容を「Click」にする
```

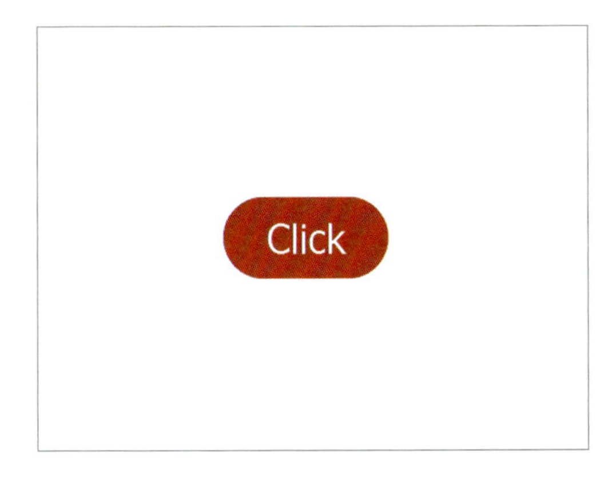

複数の引数を指定する

メソッドの中には、引数を一度に複数指定できるものもあります。複数指定する場合は、引数を半角カンマで区切ります。

●引数の複数指定

```
$(セレクタ).メソッド(引数, 引数…);
```

以下は、スタイルシートを扱うことができるcss()メソッドでの引数指定の例です。css()メソッドはこのように2つの引数を取ることができます。

JS script.js

```
$(function(){
    $("button").html("Click");
    $("button").css("background", "#000033");
});
```

引数1（何を変えるか）　引数2（何に変えるか）

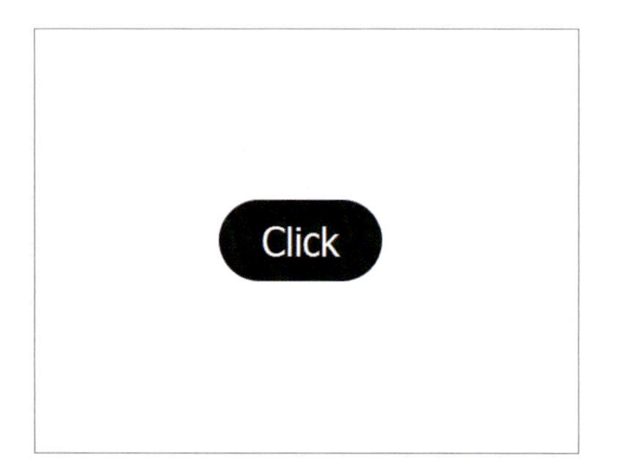

このスクリプトでは「button要素のスタイルシートプロパティ"background"を"#000033"に変更」しています。この用法では、スタイルシートの「何を変えるか(background)」と「何に変えるか(#000033)」の2つの引数をとっています。

これはあくまで一例で、メソッドごとに引数は異なる意味を持っています。

引数の用法によるメソッドの振る舞いの違い

引数の数や書式によって振る舞いが変わるメソッドがあります。

下記はhtml()メソッドの例です。

●引数の有無によるhtml()メソッドの用途の違い

```
// 引数あり：指定したセレクタの内容を変更
$(セレクタ).html(変更内容);

// 引数なし：指定したセレクタの内容を取得
$(セレクタ).html();
```

先ほどのスクリプトで、html()メソッドの引数をなしに変更してみます。

JS script.js

```
$(function(){
    $("button").html();
    $("button").css("background", "#000033");
});
```

当然ボタンの内容は変わらなくなりますが、実は代わりにこの行でHTML内容の取得が行われています。現状では「取得」しただけなので、取得結果は表に現れません。そこで、アラート画面を表示するJavaScriptのalert()メソッドと組み合わせてみます。

Memo alert()メソッド (p.068参照)

JS script.js

```
$(function(){
    alert($("button").html());
    $("button").css("background", "#000033");
});
```

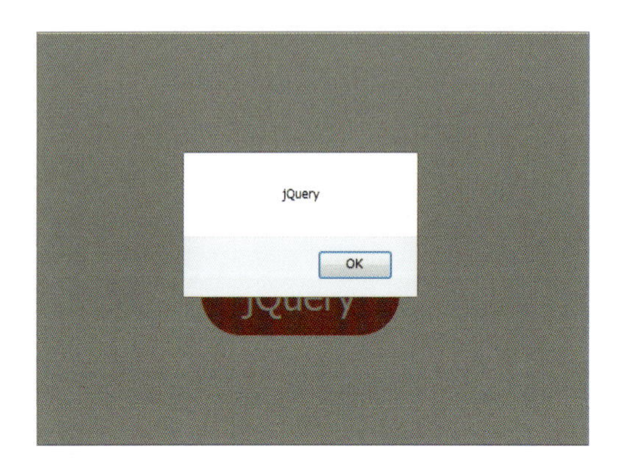

$("button").html() で取得した HTML の内容「jQuery」が、アラート表示されます。

このように、1 つのメソッドが多数の用法を持っている場合があります。目的に合わせて、使い分けていきましょう。

引数に関数を指定する

引数として「関数」を使用できるメソッドもあります。「関数」の詳細は Lesson04 で説明しますが、あるメソッドの処理中に、さらに別のメソッドの処理を行うときなどに、関数が引数として用いられます。

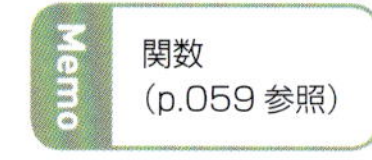

関数
(p.059 参照)

●関数の指定

```
$(セレクタ).メソッド(関数);
```

例えば次の例では、クリック時の処理を実行する click() メソッドの引数として、関数「function(){}」が指定されています。

JS script.js

```
$(function(){
    $("button").html("Click");
    $("button").css("background", "#000033");

    $("button").click(function(){});
});
```

関数は「function(){}」のように表記し、実行したい処理を波括弧 {} の中に記述できます。

関数の中に、上に書いてあるスクリプトを移してみましょう。

```
$(function(){
    $("button").click(function(){
        $("button").html("Click");
        $("button").css("background", "#000033");
    });
});
```

この内容が関数として実行される

これで、「button要素をクリックすると、テキスト内容が"Click"に、背景色が"#000033"に変わる」スクリプトが完成します。

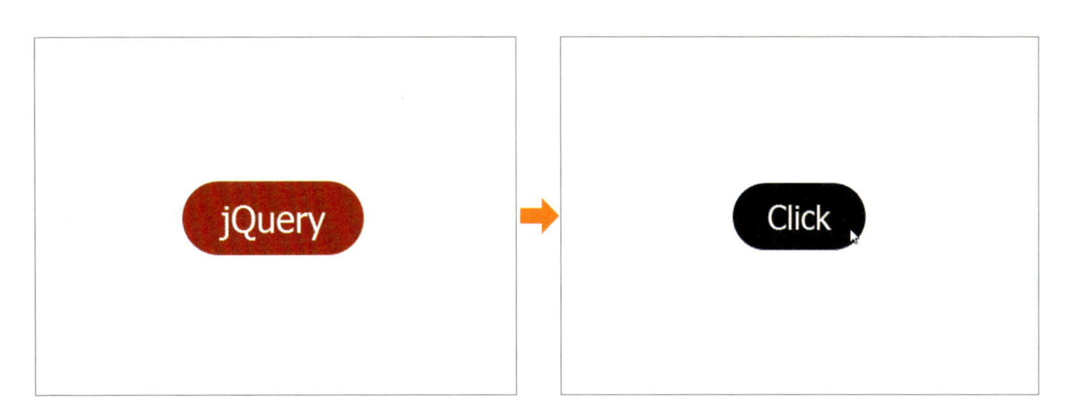

このように、「background」や「#000033」などの単語的なものは直接値を入れ、「button要素のbackgroundを#000033にする」といった文章的な命令には関数を使用します。

●引数の書式

```
$("button").html( "Click" );
```

button要素のHTMLを"Click"にする

単語的

```
$("button").click( function(){ $("button").html("Click") } );
```

button要素をクリックしたら「HTMLを"Click"にする」

文章的

COLUMN

this を使った効率の良い jQuery の書き方

引数に関数を使ってスクリプトが入れ子構造になっている場合、セレクタを「this」に置き換えて、親のセレクタを参照することができます。

```
$(function(){
    $("button").click(function(){
        $("button").html("Click");
        $("button").css("background", "#000033");
    });
});
```

セレクタにbutton要素が連呼されているこのスクリプトは、以下のように書き換えることが可能です。

```
$(function(){
    $("button").click(function(){
        $(this).html("Click");
        $(this).css("background", "#000033");
    });
});
```

例えば後からセレクタをbutton要素からp要素に変えようと思った場合、thisを使用していれば変更は1箇所で済むので、作業効率がよくなります。

COLUMN

メソッドチェーン

メソッドチェーンは1つのセレクタに対して複数のメソッドを連結する書式です。スクリプトが簡略化され、同時に処理も速くなります。

```
$(function(){
    $("button").click(function(){
        $(this).html("Click").css("background", "#000033");
    });
});
```

本書では、セレクタとメソッドの関係がわかりやすいように、メソッドチェーンは使用していません。jQueryのソースコードに慣れてきたら自分で書き換えてみるなど、挑戦してみてください。

講義 2 jQueryのメソッド

jQueryで使用することのできるセレクタやメソッドは、公式サイト内のページで確認することができます。

● jQuery公式サイトAPI一覧ページ（http://api.jquery.com/）

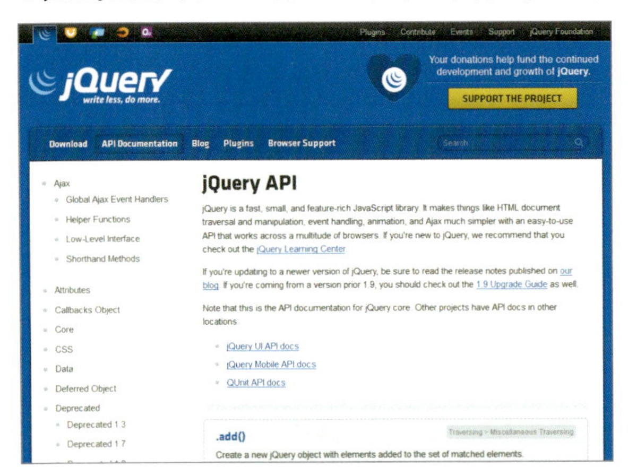

それぞれアルファベット順に並んでおり、さらに用途に合わせてカテゴライズされています。一つのメソッドが複数のカテゴリーに属している場合もあります。全てを覚える必要はありませんが、より多くのセレクタやメソッドを知ることで、多様で効率の良い制作ができるようになります。

CSSや属性に関するもの

▶ css()

スタイルシートの設定

要素のスタイルシートを設定します。引数は、CSSプロパティとその値を、カンマ区切りで順に並べます。

例：p要素の文字色(color)を赤(#FF0000)に設定します。

HTML

```
<p>Hello World!</p>
```

JS

```
$("p").css("color", "#FF0000");
```

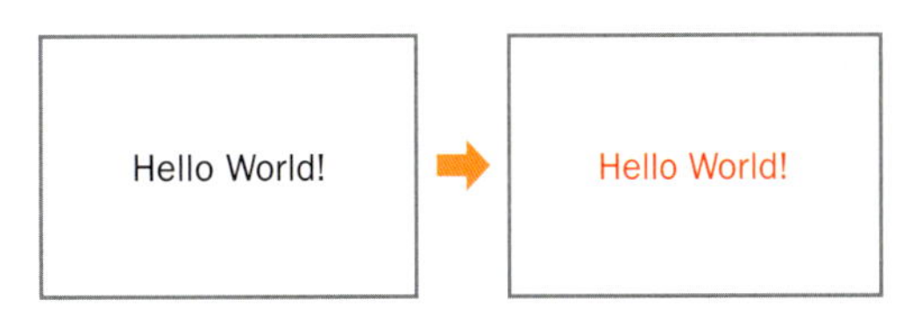

addClass()

クラスの追加

要素にスタイルシートのクラスを追加します。引数は追加したいクラス名を指定します。

例：p 要素に textRed クラスを追加します。

HTML

```
<p>Hello World!</p>
```

CSS

```
.textRed{
     color:#FF0000;
}
```

JS

```
$("p").addClass("textRed");
```

Hello World! → Hello World!

removeClass()

クラスの削除

要素からクラスを削除します。引数は削除したいクラス名を指定します。

例：p 要素から textRed クラスを削除します。

HTML

```
<p class="textRed">Hello World!</p>
```

CSS

```
.textRed{
     color:#FF0000;
}
```

JS

```
$("p").removeClass("textRed");
```

Hello World! → Hello World!

引数の指定がない場合は、セレクタに付いている全てのクラスを削除することができます。

JS

```
// p要素についている全てのクラスを削除
$("p").removeClass();
```

hasClass()

クラスの判定

要素が任意のクラスを持っているか判定します。引数に判定したいクラス名を指定し、主にif文と組み合わせて使用します。

Memo if文(p.062参照)

例：p要素がtextRedクラスを持っている場合は「Yes」、そうでない場合は「No」と表示します。

HTML

```
<p class="textRed"></p>
```

JS

```
if($("p").hasClass("textRed")){
    $("p").html("Yes");
}else{
    $("p").html("No");
}
```

Yes

width()

幅の取得

セレクタで指定した要素の幅をピクセルで取得します。

例：div要素の幅をp要素に表示します。

HTML

```
<div>Lorem ipsum dolor sit amet…</div>
<p></p>
```

JS

```
$("p").html("Width：" + $("div").width() + "px");
```

Lorem ipsum dolor sit amet, ...
Width：200px

height()

高さの取得

セレクタで指定した要素の高さをピクセルで取得します。

例：div要素の高さをp要素に表示します。

HTML

```
<div>Lorem ipsum dolor sit amet…</div>
<p></p>
```

JS

```
$("p").html("Height：" + $("div").height() + "px");
```

Lorem ipsum dolor sit amet, ...
Height：100px

offset()

位置の取得

セレクタで指定した要素の位置（座標）を取得します。

ページの左上を基準に、.offset().top とすることで上からの位置、.offset().left とすることで左からの位置を取得します。

例：p 要素の位置を取得します。

HTML

```
<p></p>
```

JS

```
$("p").html("Top："+ $("p").offset().top +
"px  Left：" + $("p").offset().left + "px");
```

Top：100px　Left：50px

● offset() メソッドによる位置の取得

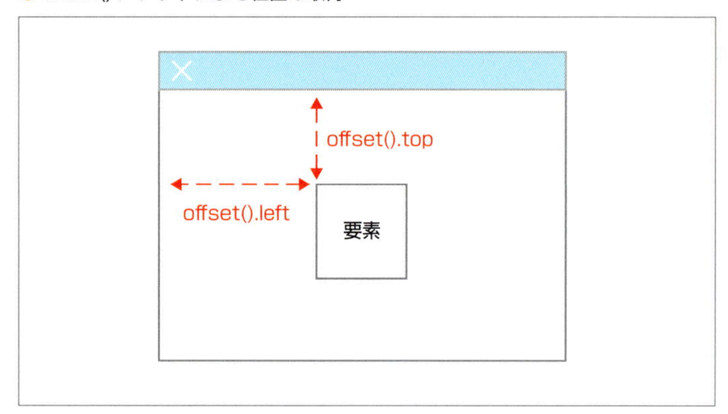

scrollTop()

要素のスクロール位置を取得

ブラウザスクロール時の要素の位置を取得します。$(window) で、セレクタにブラウザを指定することができます。

Memo
scroll() メソッド
(p.044 参照)

例：ブラウザのスクロール位置を p 要素に表示させます。

HTML

```
<p></p>
```

JS

```
$(window).scroll(function(){
    $("p").html("Scroll：" + $(window).scrollTop() + "px");
});
```

Scroll：500px

● scrollTop() によるスクロール量の取得

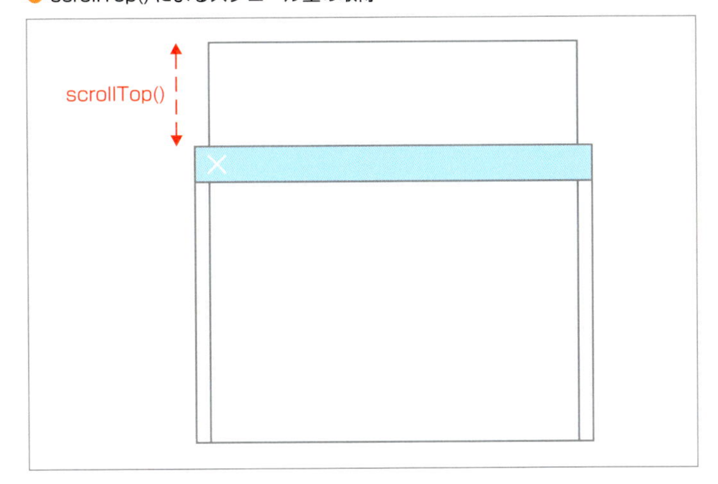

▶ attr()

属性の設定

要素の属性を設定します。

例：img 要素の src 属性の値を img1.png から img2.png へ変更します。

HTML

```
<img src="img1.png" width="100"
height="100" alt="image">
```

JS

```
$("img").attr("src", "img2.png");
```

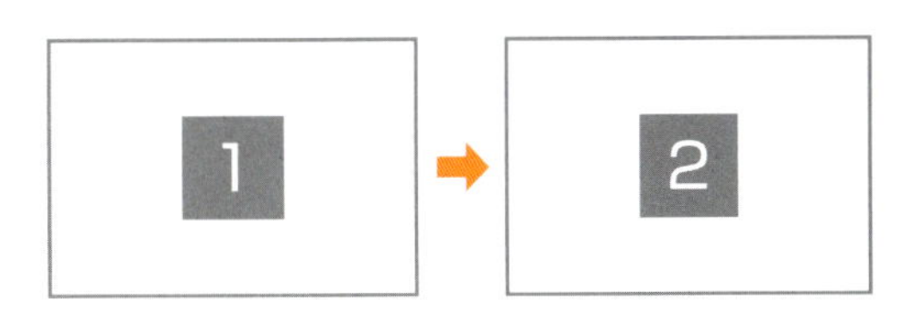

属性の取得

要素の属性を取得します。

例：img 要素の src 属性の値を p 要素に表示します。

HTML

```
<img src="img1.png" width="100"
height="100" alt="image">
<p></p>
```

JS

```
$("p").html($("img").attr("src"));
```

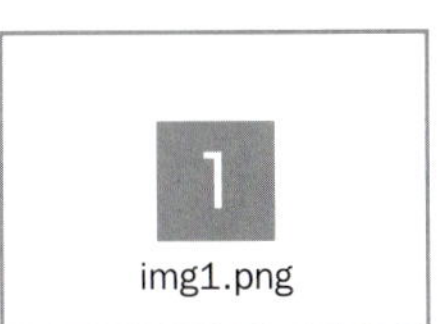

▶ val()

value 属性の取得

各種フォーム関連要素などの value 属性を取得します。

例：input 要素の value 属性を p 要素に表示します。

HTML

```
<input type="text" value="Text"></input>
<p></p>
```

JS

```
$("p").html($("input").val());
```

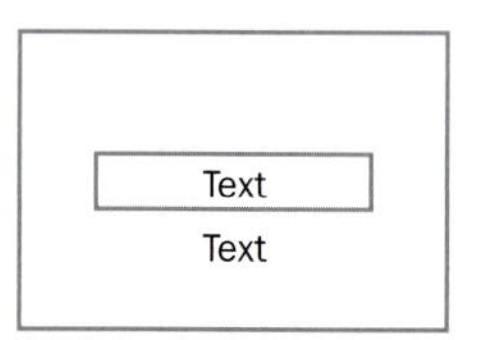

HTML に関するもの

▶ html()

HTML の内容の変更

引数に HTML ソースコードを記述して、要素の内容を変更します。

例：p 要素の内容を「Hello World!」から strong タグを加えた「HELLO WORLD!」へ変更します。

HTML

```
<p>Hello World!</p>
```

JS

```
$("p").html("<strong>HELLO WORLD!</strong>");
```

HELLO WORLD!

HTML の取得

引数なしの場合は、セレクタで指定した要素内の内容を取得します。

例：span 要素の内容を取得し、p 要素に表示します。

HTML

```
<span>Hello World!</span>
<p></p>
```

JS

```
$("p").html($("span").html());
```

Hello World!
Hello World!

Memo
指定した要素のタグは含まれません。

▶ prepend()

要素の挿入

引数で指定した要素を、セレクタで指定した要素内の冒頭に挿入します。

例：ul 要素内の冒頭に li 要素を追加します。

HTML

```
<ul>
  <li>List2</li>
  <li>List3</li>
</ul>
```

・List2
・List3
→
・List1
・List2
・List3

JS

```
$("ul").prepend("<li>List1</li>");
```

要素の移動

要素の順番を指定できる擬似クラスを引数に指定した場合、その要素が、セレクタで指定した要素内の冒頭に移動します。

例：ul 要素内の末尾の子要素 li（擬似クラス :last-child）を、リストの冒頭に移動します。

HTML

```
<ul>
  <li>List1</li>
  <li>List2</li>
  <li>List3</li>
</ul>
```

・List1
・List2
・List3
→
・List3
・List1
・List2

JS

```
$("ul").prepend($("li:last-child"));
```

▶ append()

要素の挿入

引数で指定した要素を、セレクタで指定した要素内の末尾に挿入します。

例：ul 要素内の末尾に li 要素を追加します。

HTML

```
<ul>
  <li>List1</li>
  <li>List2</li>
</ul>
```

JS

```
$("ul").append("<li>List3</li>");
```

要素の移動

要素の順番を指定できる擬似クラスを引数に指定した場合、その要素が、セレクタで指定した要素内の末尾へ移動します。

例：ul 要素内の最初の子要素 li（擬似クラス :first-child）を、リストの末尾に移動します。

HTML

```
<ul>
  <li>List1</li>
  <li>List2</li>
  <li>List3</li>
</ul>
```

JS

```
$("ul").append($("li:first-child"));
```

▶ remove()

要素の削除

要素を削除します。

例：#target 要素を削除します。

HTML

```
<ul>
  <li>List1</li>
  <li id="target">List2</li>
  <li>List3</li>
</ul>
```

・List1
・List2
・List3

→

・List1
・List3

JS

```
$("#target").remove();
```

index()

インデックス番号の取得

セレクタで指定した要素が、同階層の中で何番目の要素にあたるかを番号で取得します。番号は0からカウントします。

例：#targetのインデックス番号をp要素に表示します。
#targetのある階層には要素が3つ（li要素）存在します。
「<li>List1</li>」はインデックスが0番の要素です。
「<li id="target">List2</li>」はインデックスが1番の要素です。
「<li>List3</li>」はインデックスが2番の要素です。

HTML

```
<ul>
  <li>List1</li>
  <li id="target">List2</li>
  <li>List3</li>
</ul>
<p></p>
```

・List1
・List2
・List3

Index : 1

Memo 同じ階層であれば、異なる要素でもカウントされます。

JS

```
$("p").html("Index : " + $("#target").index());
```

イベントに関するもの

▶ click()

クリック

要素がクリックされた際に、引数の内容が呼び出されます。

例：button 要素をクリックしたタイミングで文字色を変更します。

HTML

```
<p><a href="#">Click</a></p>
```

JS

```
$("a").click(function(){
    $(this).css("color", "#FF0000");
    return false;
});
```

COLUMN

return false について

「return false」は、HTML本来の機能を実行させないようにするJavaScriptです。
上記のソースコードから「return false」をなくした状態でa要素をクリックすると、URLに#が追加され、ページが一番上へ戻ります。

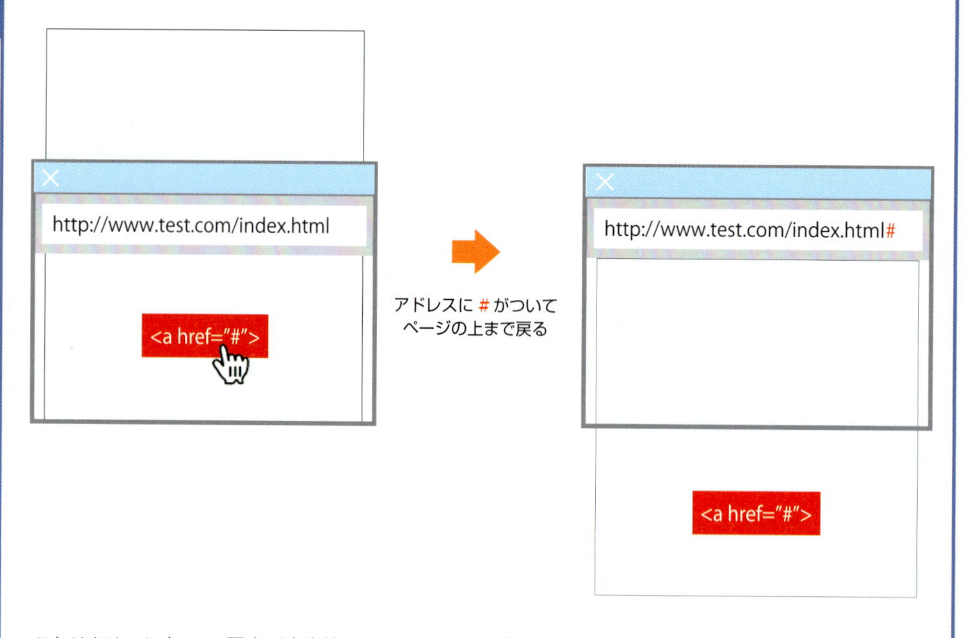

これはクリック時に、a要素が本来持っているリンクの機能が実行されるためです。
「return false」をつけると、この現象が回避されます。a要素とclick()を使用する際に利用するケースが特に多いので覚えておきましょう。

▶ hover()

マウスオーバー

要素の上にマウスカーソルが重なった時に、引数の内容が呼び出されます。

例：a 要素をマウスオーバーしたタイミングで、文字色を変更します。

HTML

```
<p><a href="#">Hover</a></p>
```

JS

```
$("a").hover(function(){
  $(this).css("color", "#FF0000");
});
```

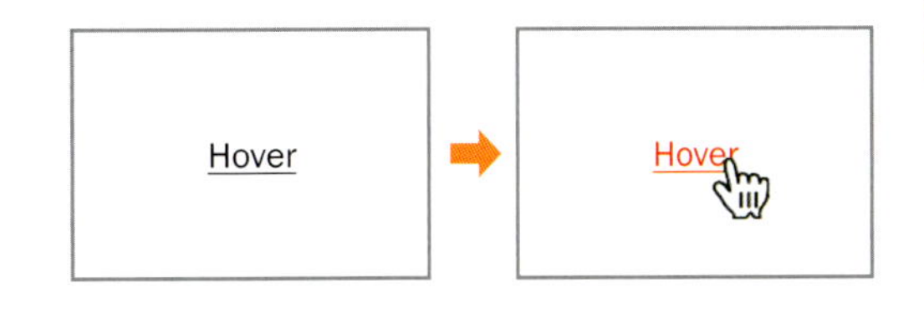

マウスオーバー／アウト

要素の上に一度マウスカーソルが重なり、その後で離れた際に、引数の内容が呼び出されます。

例:a 要素をマウスオーバーすると赤、マウスアウトすると青へ文字色を変更します。

HTML

```
<p><a href="#">Hover</a></p>
```

JS

```
$("a").hover(function(){
     $(this).css("color", "#FF0000");
}, function(){
     $(this).css("color", "#0000FF");
});
```

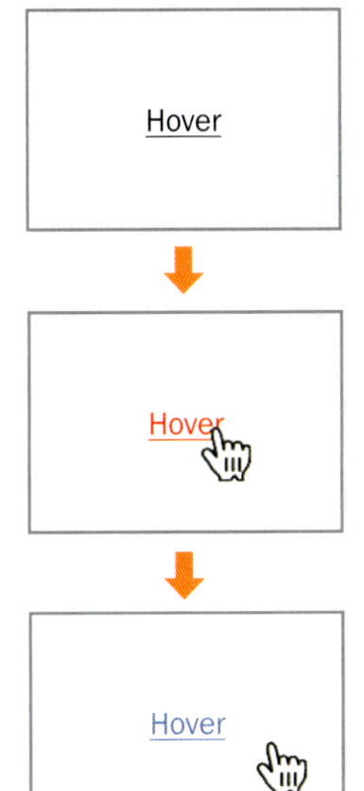

mousemove()

マウスの移動

要素内でマウスカーソルが移動した際に呼び出されます。

引数と pageX、pageY プロパティで、マウスカーソルの X 座標、Y 座標を取得することができます。

例：マウスカーソル位置の座標を取得し、p 要素に表示します。

HTML

```
<p></p>
```

JS

```
$(window).mousemove(function(e){
    $("p").html("X : " + e.pageX + "px  Y : " + e.pageY + "px");
});
```

50px
100px
X : 100px　Y : 50px

scroll()

スクロール

要素がスクロールされた際に呼び出されます。

例：ブラウザをスクロールしたタイミングで、文字色を変更します。

HTML

```
<p>Scroll</p>
```

JS

```
$(window).scroll(function(){
     $("p").css("color", "#FF0000");
});
```

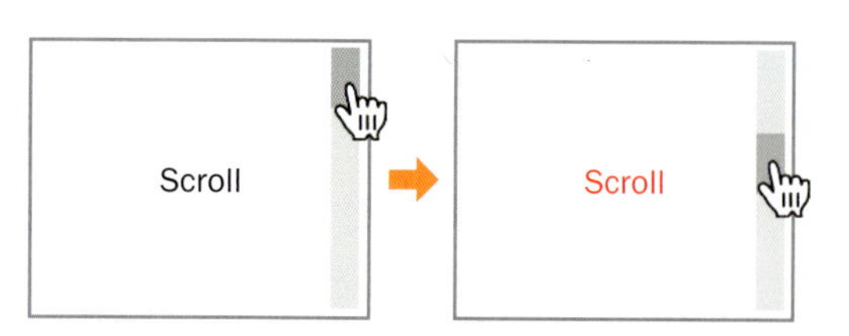

効果に関するもの

▶ show()

表示

セレクタで指定した要素を表示します。

例：CSSで非表示にしたp要素を表示します。

HTML

```
<p>Show</p>
```

CSS

```
p{
    display:none;
}
```

JS

```
$("p").show();
```

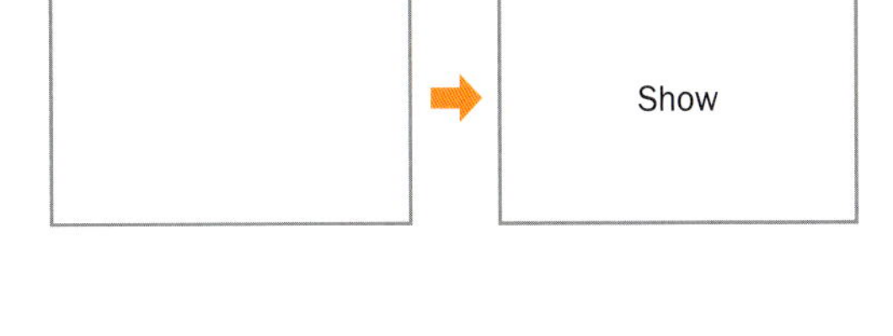

▶ hide()

非表示

セレクタで指定した要素を非表示にします。

例：p要素を非表示にします。

HTML

```
<p>Hide</p>
```

JS

```
$("p").hide();
```

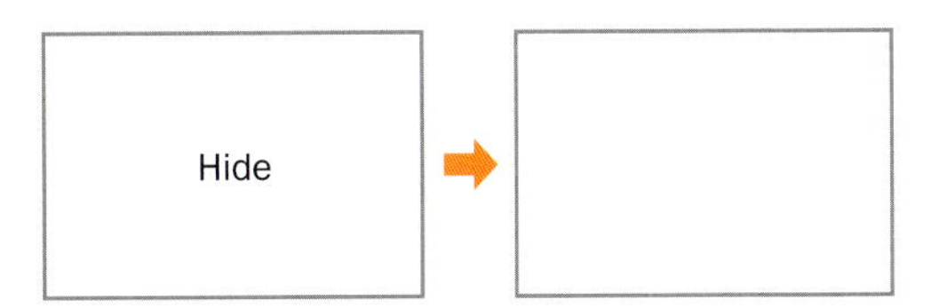

▶ fadeIn()

要素のフェードイン

セレクタで指定した要素をフェードインさせます。

例：CSS で非表示にした p 要素をフェードインで表示します。

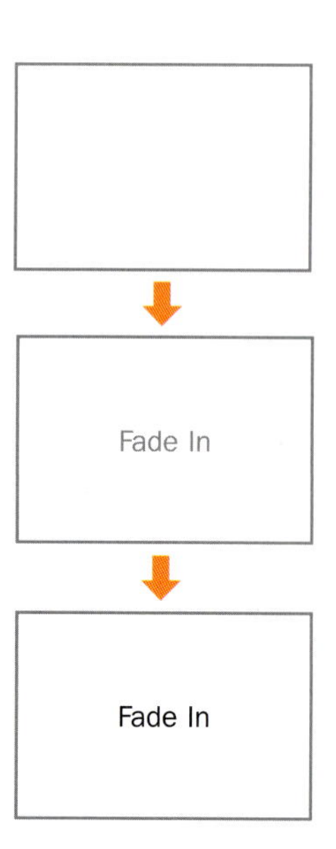

HTML

```
<p>Fade In</p>
```

CSS

```
p{
	display:none;
}
```

JS

```
$("p").fadeIn();
```

要素のフェードイン (速度指定)

セレクタで指定した要素を、引数で指定した速度 (単位はミリ秒) でフェードインさせます。

Memo :速度指定がない(引数がない)場合、フェードインのスピードは 400 ミリ秒です。

例：p 要素を 1000 ミリ秒（1 秒）のスピードでフェードインさせます。

JS

```
$("p").fadeIn(1000);
```

要素のフェードイン（終了後の処理を指定）

引数でフェードイン完了後の処理を指定できます。

例：p 要素のフェードイン完了後、文字色を変更します。

JS

```
$("p").fadeIn(function(){
	$(this).css("color", "#FF0000");
});
```

要素のフェードイン（速度と終了後の処理を指定）

引数でフェードインの速度と完了後の処理を両方指定できます。

例：p要素を1000ミリ秒でフェードインさせた後、文字色を変更します。

JS

```
$("p").fadeIn(1000, function(){
      $(this).css("color", "#FF0000");
});
```

fadeOut()

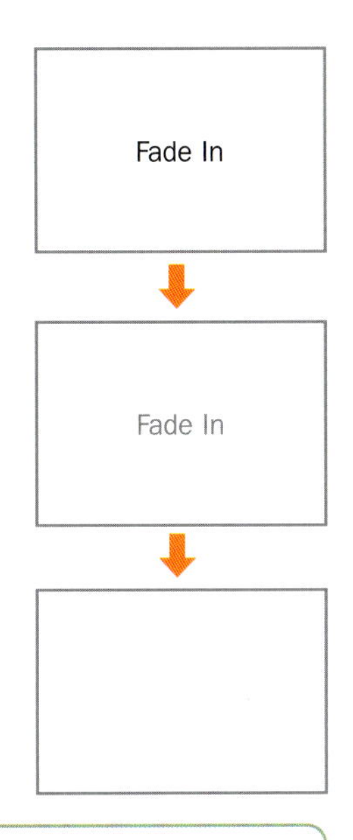

要素のフェードアウト

セレクタで指定した要素をフェードアウトさせます。

例：p要素をフェードアウトで非表示にします。

HTML

```
<p>Fade Out</p>
```

JS

```
$("p").fadeOut();
```

要素のフェードアウト（速度指定）

セレクタで指定した要素を、引数で指定した速度（単位はミリ秒）でフェードアウトさせます。

例：p要素を1000ミリ秒（1秒）のスピードでフェードアウトさせます。

JS

```
$("p").fadeOut(1000);
```

> **Memo** 速度指定がない（引数がない）場合、フェードアウトのスピードは400ミリ秒です。

要素のフェードアウト（終了後の処理を指定）

引数でフェードアウト完了後の処理を指定できます。

例：p要素のフェードアウト完了後、文字色を変更します。

JS

```
$("p").fadeOut(function(){
      $(this).css("color", "#FF0000");
});
```

要素のフェードアウト(速度と終了後の処理を指定)

引数でフェードアウトの速度と完了後の処理の両方を指定できます。

例：p 要素を 1000 ミリ秒でフェードアウトさせた後、アラートを出します。

JS

```
$("p").fadeOut(1000, function(){
    alert("フェードアウトしました");
});
```

▶ slideToggle()

要素の開閉

セレクタで指定した要素がスライドしながら開閉します。

例：dt 要素をクリックすると、子要素の dd 要素が開閉します。

HTML

```
<dl>
  <dt>Slide Toggle</dt>
  <dd>Lorem ipsum dolor sit amet,
    consectetur adipiscing elit…</dd>
</dl>
```

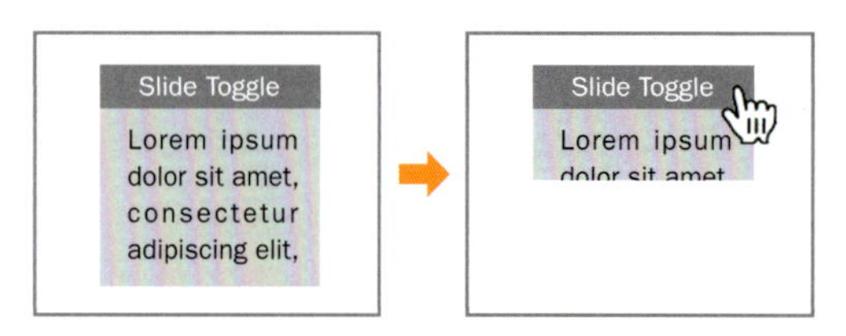

JS

```
$("dt").click(function(){
    $("dd").slideToggle();
});
```

引数を使うと、開閉の速度を設定することもできます。

JS

```
// 開閉スピードを500ミリ秒に設定
$("dd").slideToggle(500);
```

▶ animate()

アニメーション

引数で指定した CSS スタイルまで段階的に変化させることによって、要素をアニメーションさせます。

例：button 要素をクリックすると、left:0px にある div 要素が 500 ミリ秒かけて left:1000px へ移動します。

HTML

```
<div></div>
<button>Click</button>
```

CSS

```
div{
  position:absolute;
  left:0;
}
```

JS

```
$("button").click(function(){
  $("div").animate({"left" : "1000px"}, 500);
});
```

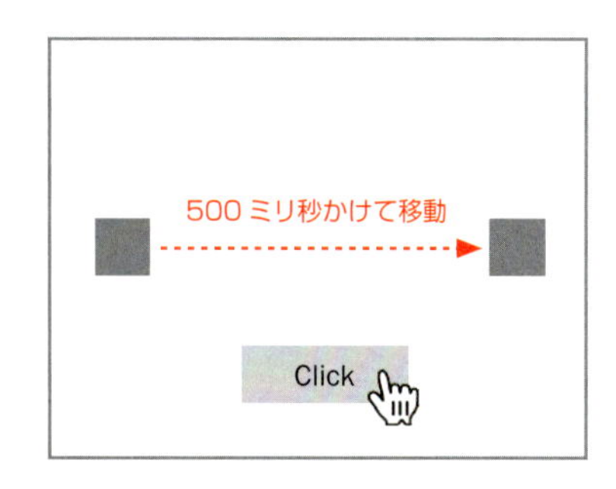

相対指定によるアニメーション

現在の状態を基準に、相対指定で要素をアニメーションさせます。

例：button 要素をクリックすると、div 要素が現在の位置より 500px 右へ移動します。

HTML

```
<div></div>
<button>Click</button>
```

JS

```
$("button").click(function(){
  $("div").animate({"left" : "+=500px"}, 500);
});
```

stop()

アニメーションの中止

要素のアニメーションが実行中である場合、それを中止します。

例：dt 要素をマウスオーバーすると、dd 要素が開閉します。

HTML

```
<dl>
  <dt>Slide Toggle</dt>
  <dd>Lorem ipsum dolor sit amet,
    consectetur adipiscing elit…</dd>
</dl>
```

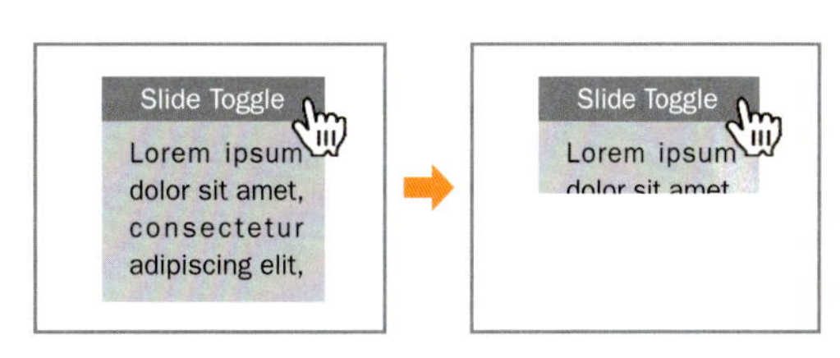

JS

```
$("dt").hover(function(){
      $("dd").stop().slideToggle();
});
```

上記のスクリプトから stop() メソッドを外すと、連続でマウスオーバー／アウトを繰り返すたびに、それを追うようにして同回数のスライドトグルが律儀に実行されます。

● stop() メソッドがない場合

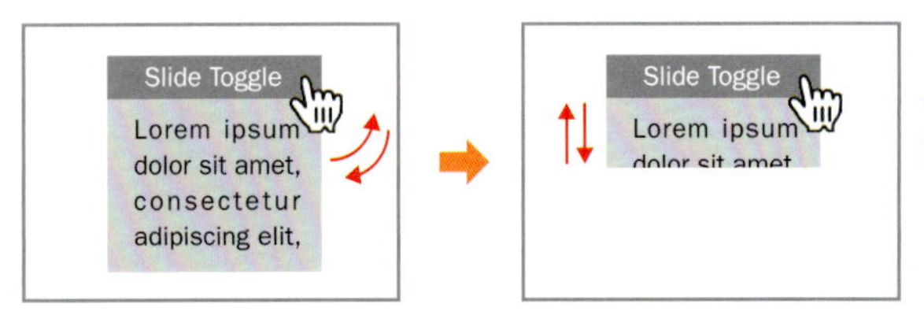

マウスオーバーを何度も繰り返すと、同じ回数だけスライドトグルが発生してしまう

マウスオーバーに紐付けられた処理は、マウスオーバーされた回数分だけ実行されます。
これはスクリプトとしては正しい挙動ですが、ユーザーにとっては気持ちのよい動きではありません。
そのため .stop() を追加して、実行中のアニメーションを中止させる処理を加えています。

要素の検索に用いられるもの

▶ children()

子要素の取得

要素から見た子要素を取得します。

Memo
孫要素以下は対象になりません。

例：div 要素の子要素の文字色を赤にします。

HTML

```
<div>
  Parent
  <p>Child1</p>
  <span>Child2</span>
</div>
```

Parent
Child1
Child2

JS

```
$("div").children().css("color", "#FF0000");
```

特定の子要素の取得

要素から見た特定の子要素を取得します。

例：div 要素の子要素のうち、span 要素の文字色を赤にします。

HTML

```
<div>
  Parent
  <p>Child1</p>
  <span>Child2</span>
</div>
```

Parent
Child1
Child2

JS

```
$("div").children("span").css("color",
"#FF0000");
```

parent()

親要素の取得

要素から見た親要素を取得します。

例：p要素の親要素にボーダーをつけます。

HTML

```
<div>
  Parent
  <p>Child</p>
</div>
```

Parent
Child

JS

```
$("p").parent().css("border", "1px solid
#FF0000");
```

each()

要素に対して処理を行う

要素ごとに処理を行います。

例：li要素にそれぞれインデックス番号を挿入します。

HTML

```
<ul>
  <li></li>
  <li></li>
  <li></li>
</ul>
```

・List0
・List1
・List2

JS

```
$("li").each(function(){
  $(this).html("List" + $(this).index());
});
```

eachがないと
全部List0になる。

jQueryの文法

JavaScriptの基本

jQueryはJavaScriptのライブラリですので、JavaScriptの構文も一緒に扱えます。本書の学習で必要な最低限の文法について解説します。

講義 JavaScriptの基本文法

変数

▶ 変数の宣言

変数とは、任意の値を入れておいて、後からその値を取り出して使う箱のようなものです。

変数を作成することを「変数を宣言する」と言います。変数を宣言するには、まず変数名を指定する必要があります。

●変数の宣言

```
var 変数名;
```

変数を宣言する際には頭にvarをつけます。varは英語で変数を表すvariableの略です。

また、変数名は、以下の条件の範囲で自由につけることができます。

・半角英数字、もしくは「_」(アンダースコア)、「$」を用いる
・JavaScriptで他の目的で使用されている名前は避ける
・変数名の1文字目に数字を使わない

なお、JavaScriptでは大文字と小文字を区別します。例えば変数numberと変数Numberは別の変数と解釈されます。

Memo 変数名の例として、数値を入れる場合にはnum(numberの略)、文字列を入れるにはstr(文字列を表すstringの略)などがよく用いられます。

ここではnumという変数を宣言してみます。

JS

```
// 変数numを宣言
var num;
```

値の代入（数値）

変数に値を入れることを「値を代入する」と言います。値を代入するには変数と値をイコールの記号でつなぎます。

●変数に値を代入

```
var 変数名 = 値;
```

まずは数値を代入してみましょう。以下は変数numに3を代入した例です。

JS

```
// 変数numを宣言
var num;

// 変数numに3を代入
num = 3;
```

変数の宣言と代入を一度に行うことも可能です。

JS

```
// 変数numを宣言して、3を代入
var num = 3;
```

値の入れ替え

変数とは箱のようなものなので、中身を何度も入れ替えることができます。
以下は、変数numの値を3から5へ入れ替えた例です。

JS 値の入れ替え

```
// 変数numを宣言して、3を代入
var num = 3;

// 5に入れ替え
num = 5;
```

値の代入（文字列）

変数には、数字だけでなく文字列を入れることもできます。
以下は、変数 str に「String」という文字列を代入した例です。

JS

```
// 変数strを宣言して、文字列「String」を代入
var str = "String";
```

値が「""」（ダブルクォーテーション）で囲われていることに注意してください。
変数にかかわらず、JavaScript では文字列を扱う際には「''」シングルクォーテーション、もしくは「""」ダブルクォーテーションを使用します。

JS

```
// 変数variable1に数値3を代入：ダブルクォーテーションなし
var variable1 = 3;

// 変数variable2に文字列「String」を代入：ダブルクォーテーションあり
var variable2 = "String";

// 変数variable3に文字列「3」を代入：ダブルクォーテーションあり
var variable3 = "3";
```

上記の変数 variable3 のように、数字を文字列として扱う場合にはシングルクォーテーション、もしくはダブルクォーテーションが必要になります。
数値の 3 と文字列としての "3" の違いに関しては、この後の演算子の「+」の項目で確認してみてください。

COLUMN

シングルクォーテーションとダブルクォーテーション

JavaScriptにはシングルクォーテーションとダブルクォーテーションの用途に違いはありません。文字列などを括る際、どちらを使用しても動作は変わりません。
一方で、例えば次の例ではhtml()メソッドに4つのダブルクォーテーションが入っています。この場合どのクォーテーションがペアになっているのか判断できず、スクリプトエラーになります。

```
$("p").html("<strong id="text">テキスト</strong>");
```

片方のペアをシングルクォーテーションにすると、これを回避できます。

```
$("p").html("<strong id='text'>テキスト</strong>");

もしくは

$("p").html('<strong id="text">テキスト</strong>');
```

ちなみにJavaScript以外の言語では、シングルとダブルで意味が変わる場合がありますので注意しましょう。

演算子

演算子とは、各種演算のための記号です。算数の授業で学習したおなじみの記号ですが、使い方が少し異なるものもあります。

JavaScriptではさまざまな演算子を使用することができますが、ここでは代表的なものを紹介します。

▶ 算術演算子

加減乗除などの基本的な演算を行います。

演算子	意味	使用例と結果	
+	加算	10 + 5	15
	文字列の連結	"Java" + "Script"	"JavaScript"
-	減算	10 - 5	5
*	乗算	10 * 5	50
/	除算	10 / 5	2
++	現在の値を1増やす	var num = 1; num ++;	変数numの値は2
--	現在の値を1減らす	var num = 1; num --;	変数numの値は0

「+」は文字列の連結にも使用されます。

以下は数値の3、もしくは文字列の「3」を足し合わせた例です。結果の違いを確認してみましょう。

JS

```
// 数値の3を足し合わせた結果を変数result1に代入
var result1 = 3 + 3; // result1の値は6

// 文字列の「3」を足し合わせた結果を変数result2に代入
var result2 = "3" + "3"; // result2の値は33
```

▶ 代入演算子

任意の演算を行い、結果がそのまま変数へ代入されます。

演算子	意味	使用例と結果	
+=	加算して代入	var num = 1; num += 1;	変数numの値は2
	文字列を連結して代入	var str = "Java"; str += "Script";	変数strの値は"JavaScript"
-=	減算して代入	var num = 1; num -= 1;	変数numの値は0
*=	乗算して代入	var num = 2; num *= 3;	変数numの値は6
/=	除算して代入	var num = 6; num /= 3;	変数numの値は2

比較演算子

値を比較します。if文(後述)などと組み合わせて使用します。

比較の結果、等しければtrue(正)、そうでなければfalse(偽)を返します。

演算子	意味	使用例と結果	
==	等しい	1 == 2	false
!=	等しくない	1 != 2	true
>	より大きい	1 > 2	false
<	より小さい	1 < 2	true
>=	より大きいか等しい	1 >= 2	false
<=	より小さいか等しい	1 <= 2	true

論理演算子

複数の条件をまとめて比較します。if文(後述)などと組み合わせて使用します。

比較の結果、等しければtrue(正)、そうでなければfalse(偽)を返します。

演算子	意味	使用例と結果	
&&	両方の条件が成立する	2 >= 1 && 4 >= 3	true
		1 >= 2 && 4 >= 3	false (1 >= 2が成立しないため)
		1 >= 2 && 3 >= 4	false (1 >= 2も3 >= 4も成立しないため)
||	どちらかの条件が成立する	2 >= 1 || 4 >= 3	true
		1 >= 2 || 4 >= 3	true (4 >=3 のみ成立しているため)
		1 >= 2 || 3 >= 4	false (1 >= 2も3 >= 4も成立しないため)

配列

配列の宣言

配列とは、複数のデータをまとめて管理しておくことができる入れ物です。

配列を作成することを、「配列を宣言する」と言います。変数と同様、配列も任意の名前をつけて宣言します。

● 配列の宣言

```
var 配列名 = new Array();
```

以下は sampleArray という名前の配列を宣言した例です。

JS

```
// 配列sampleArrayを宣言
var sampleArray = new Array();
```

配列の要素

配列内のデータのことを配列の要素と言います。配列の要素を表す際は、各要素を半角カンマで区切り、[ ] で囲みます。

以下は、配列 sampleArray に 3 つの要素が入っている例です。0 番目の要素は「りんご」、1 番目の要素は「みかん」、2 番目の要素は「ぶどう」です。最初の要素を「1 番目」ではなく「0 番目」と数えることに注意してください。

Memo
配列には、文字列だけでなく数値なども入れることができます。

JS

```
// 配列sampleArray：0番目は「りんご」、1番目は「みかん」、2番目は「ぶどう」
var sampleArray = ["りんご", "みかん", "ぶどう"];
```

要素の取得

「配列名 [番号]」で、配列内の任意の要素を取得することができます。

以下は、配列の 0 番目の要素を p 要素に表示させる例です。p 要素には「りんご」と表示されます。

JS

```
$(function(){
  var sampleArray = ["りんご", "みかん", "ぶどう"];

  // 配列sampleArrayの0番目の要素をp要素に表示
  $("p").html(sampleArray[0]); //「りんご」と表示
});
```

要素の追加

配列に要素を追加することができます。

配列の最初に追加するには unshift() メソッド、最後に追加するには push() メソッドを使用します。

以下は、配列の最初に「もも」、最後に「いちじく」を追加した例です。

JS

```
$(function(){
    var sampleArray = ["りんご", "みかん", "ぶどう"];

    // 配列の最初（0番目）に「もも」を追加
    sampleArray.unshift("もも"); // sampleArray = ["もも", "りんご",
    "みかん", "ぶどう"]

    // 配列の最後（4番目）に「いちじく」を追加
    sampleArray.push("いちじく"); // sampleArray = ["もも", "りんご",
    "みかん", "ぶどう", "いちじく"]
});
```

要素の変更

変数の代入と同じ要領で、要素の値を変更することができます。

以下は、1 番目のデータを「みかん」から「なし」に変更した例です。

JS

```
$(function(){
    var sampleArray = ["りんご", "みかん", "ぶどう"];

    // 配列の1番目の要素を「みかん」から「なし」へ変更
    sampleArray [1] = "なし"; // sampleArray = ["りんご", "なし",
    "ぶどう"]
});
```

関数

任意の処理をパッケージ化して、後から呼び出せるようにするには、関数を使用します。

▶ 関数の定義と呼び出し

関数を作成することを「関数を定義する」と言います。

定義の方法は複数ありますが、そのうちの一つを紹介します。関数名は用途に合わせてわかりやすい名前をつけると便利です。

●関数の定義

```
function 関数名(){
        実行したい処理
}
```

作成した関数は次のように呼び出します。

●関数の呼び出し

```
関数名();
```

以下は関数の定義と呼び出しの例です。関数名は calFunc としました。

calFunc() 関数が実行されると、p 要素に「商品の値段は 3000 円です」と表示されます。

JS

```
$(function(){
    // 関数の実行
    calFunc();

    // 関数の作成
    function calFunc(){
        $("p").html("商品の値段は3000円です");
    }
});
```

引数の利用

引数を利用すると、関数に任意の値を渡すことができます。
引数は半角カンマ区切りで複数設定できます。

●引数を持った関数

```
// 関数の実行
関数名(引数1,引数2…);

// 関数の作成
function 関数名(引数1,引数2…){

}
```

先ほどの関数で引数を利用してみます。

JS

```
$(function(){
    // 関数の実行
    calFunc("p", 3000);

    // 関数の作成
    function calFunc(elm, price){
        $(elm).html("商品の値段は" + price + "円です");
    }
});
```

引数 elm には「p」が、price には「3000」をそれぞれ渡していますので、先ほどと同様の結果になります。

▶ 関数のメリット

関数を使用するメリットはスクリプトの効率化です。
先ほどの関数を利用して、今度は複数の商品の値段を表示させる場合を考えてみます。

JS

```
$(function(){
    calFunc("p#product1", 3000); // 関数の呼び出し1
    calFunc("p#product2", 5000); // 関数の呼び出し2
    calFunc("p#product3", 7000); // 関数の呼び出し3
    calFunc("p#product4", 10000); // 関数の呼び出し4
    calFunc("p#product5", 13000); // 関数の呼び出し5

    // 関数の作成
    function calFunc(elm, price){
        $(elm).html("商品の値段は" + price + "円です");
    }
});
```

一方、関数を使用しない場合は以下のようになります。

JS

```
$(function(){
    $("p#product1").html("商品の値段は3000円です");
    $("p#product2").html("商品の値段は5000円です");
    $("p#product3").html("商品の値段は7000円です");
    $("p#product4").html("商品の値段は10000円です");
    $("p#product5").html("商品の値段は13000円です");
});
```

例えば「円」を「ドル」に、「商品の値段は」を「こちらの商品の価格は」に変更する等、共通で使用されている箇所の修正を考えると、この表記では作業が大変です。
このように、同じような処理の重複記述を回避できるのが関数のメリットです。

COLUMN

無名関数

名前をつけずに利用する関数もあります。これを無名関数と言います。
例えばLesson02のclick()メソッドで使用した関数は、無名関数です（p.021参照）。

```
$(function(){
    $("button").click(function(){
        $("button").html("Click");
        $("button").css("background", "#000033");
    });
});
```

if 文

条件によって異なる処理を行う場合には、if 文を使用します。

▶ if 文の基本

● if 文

```
if(条件){
        条件を満たした時の処理
}
```

以下は、変数 num の値を条件とした if 文の例です。

変数 num は 3 なので、条件「num は 5 未満である」を満たしています。よって、p 要素に「変数 num は 5 未満です」と表示されます。

JS

```
$(function(){
    // 変数numに3を代入
    var num = 3;

    if(num < 5){
        $("p").html("変数numは5未満です");
    }
});
```

▶ 条件を満たさない場合の処理

else 文を加えると、条件に満たない場合の処理を指定することができます。

● else 文

```
if(条件){
  条件を満たした時の処理
}else{
  条件を満たしていない時の処理
}
```

以下は条件「num は 5 未満である」を満たす場合は「変数 num は 5 未満です」、そうでない場合は「変数 num は 5 以上です」と表示されるスクリプトです。

変数 num の値は 7 で、5 以上なので else 文の中が実行され、p 要素に「変数 num は 5 以上です」と表示されます。

JS

```
$(function(){
	// 変数numに7を代入
	var num = 7;

	if(num < 5){
		$("p").html("変数numは5未満です");
	}else{
		$("p").html("変数numは5以上です");
	}
});
```

3つ以上の分岐の指定

より多くの条件分岐を設定するには、else If 文を加えます。

else if 文は if 文と else 文の間にいくつでも挿入することができるので、3つ以上の分岐も可能になります。

● else if 文

```
if(条件1){
  条件1を満たした時の処理
}else if(条件2){
  条件1は満たさないが、条件2を満たしている時の処理
}else{
  条件1も2も満たしていない時の処理
}
```

先ほどのスクリプトに else if 文を足してみます。追加した条件は「変数 num が 10 未満の場合」です。

変数 num の値は 7 なので else if 文の中が実行され、p 要素に「変数 num は 5 以上 10 未満です」と表示されます。

JS

```
$(function(){
	// 変数numに7を代入
	var num = 7;

	if(num < 5){
		$("p").html("変数numは5未満です");
	}else if(num < 10){
		$("p").html("変数numは5以上10未満です");
	}
});
```

for 文

条件の範囲で、任意の処理を繰り返して行う場合には for 文を使用します。

for 文の基本

● for 文

```
for(初期値; 条件; 値の増減){
        実行したい処理
}
```

以下は、変数 i を利用した for 文の例です。

変数 i の初期値は 0、条件は「変数 i が 10 以下である」、実行する処理は「変数 num の値に変数 i の値を加算する」です。

Memo
for 文では、慣例的に変数名に i が使われることが多いです。

JS

```
$(function(){
    var num = 0;
    for(i = 0; i <= 10; i++){
        num += i;
    }

    $("p").html("変数numの値は" + num + "です");
    //「変数numの値は55です」と表示
});
```

1 周目では、変数 i は 0、変数 num の値も 0 です。

2 周目では、変数 i は 1 なので、変数 num の値は 0+1 = 1 です。

3 周目では、変数 i は 2 なので、変数 num の値は 1+2 = 3 です。

変数 i の値が 10 になるまでこれが繰り返されます。

最終的に変数 num は 0 から 10 までを加算した値、つまり 55 になるので、p 要素に「変数 num の値は 55 です」と表示されます。

Math オブジェクト

数値を整数にする

Math オブジェクトを使用すると、数値をさまざまに処理することができます。Math オブジェクトはバリエーションがとても豊富ですが、ここでは小数を切り捨てて整数にする Math.floor()、切り上げて整数にする Math.ceil()、四捨五入する Math.round() を紹介します。

JS

```
var num = 3.5;

// 少数切り捨て
var result1 = Math.floor(num); // 変数result1の値は3

// 少数切り上げ
var result2 = Math.ceil(num); // 変数result2の値は4

// 四捨五入
var result3 = Math.round(num); // 変数result3の値は4
```

▶ ランダムな数値を生成する

Math.random() を使用すると、0 から 1 未満の間でランダムな値を生成することができます。

以下は、ページを読み込むたびに p 要素にランダムな数を表示させる例です。実際にスクリプトを記述してブラウザを何度かリロードすると、毎回値が変化することが確認できます。

JS

```
$(function(){
    // ランダムな数を生成
    $("p").html("生成された値は" +  Math.random() + "です");
});
```

「0 から 100 までの整数」など「0 から 1 未満」以外のランダムな値が必要な場合は、先に紹介した Math.floor() などを組み合わせて、条件に合うよう数値を加工していく必要があります。

length プロパティ

▶ 要素の数を調べる

length プロパティを使用すると、各種要素の数を調べることができます。

まずは、一定の条件を満たした要素の数を調べてみます。

例として次のような HTML を考えます。

HTML

```
<ul>
  <li>リスト1</li>
  <li class="target">リスト2</li>
  <li class="target">リスト3</li>
  <li>リスト4</li>
</ul>
```

以下は、length プロパティを使用してこの HTML 内で .target の付いた要素の数を調べ、p 要素に表示する例です。表示は 2 になります。

JS

```
$(function(){
	// targetクラスのついた要素の数を変数numに代入
	var num = $(".target").length; // 変数 numの値は2
});
```

続いて、length プロパティで配列の要素を数えます。

以下は、配列 sampleArray の要素数を調べ、p 要素に表示する例です。表示は 3 になります。

JS

```
$(function(){
	var sampleArray = ["りんご", "みかん", "ぶどう"];

	// p要素に配列の要素数を表示
	$("p").html(sampleArray.length); // 「3」と表示される
});
```

文字列の文字数を調べることもできます。

以下は、変数 str の文字数を調べ、p 要素に表示する例です。表示は 10 になります。

JS

```
$(function(){
	var str = "JavaScript";

	// p要素に文字数を表示
	$("p").html(str.length); // 「10」と表示される
});
```

setInterval() メソッドと clearInterval() メソッド

▶ setInterval() メソッド

一定時間ごとに指定した関数を実行させる、タイマーのような処理を行います。

● setInterval() メソッド

```
setInterval(呼び出す関数,繰り返しの間隔（単位はミリ秒）);
```

以下は setInterval() メソッドの利用例です。

繰り返しの間隔は 1000 ミリ秒（1 秒）、実行する関数名は countFunc です。

countFunc() 関数では、変数 count の値を 1 つずつ加算し、その結果を p 要素に表示します。

結果 p 要素は 1000 ミリ秒ごとに「変数 count の値は 1 です」、「変数 count の値は 2 です」……と表示を変えるようになります。

JS

```
$(function(){
	var count = 0;

	// 1000ミリ秒ごとにcountFunc()関数を実行
	setInterval(countFunc, 1000);

	// countFunc()関数
	function countFunc(){
		count++;
		$("p").html("変数countの値は" + count + "です");
	}
});
```

setInterval() メソッドでは、指定した時間を経過して初めて関数が実行されます。
上記の例では、0～999ミリ秒までは関数は呼び出されません。
ページの読み込み後すぐに処理を実行したい場合は、最初だけ関数を別途呼び出す必要があります。

JS

```
$(function(){
	var count = 0;

	// 初回(0秒時)だけ関数を実行
	countFunc();

	// 1000ミリ秒ごとにcountFunc()関数を実行
	setInterval(countFunc, 1000);

	// countFunc()関数
	function countFunc(){
		count++;
		$("p").html("変数countの値は" + count + "です");
	}
});
```

▶ clearInterval() メソッド

setInterval() メソッドで開始したタイマーを停止するには、clearInterval() メソッドを使用します。
使用するには変数を利用します。

● clearInterval() メソッド

```
var 変数名 = setInterval(呼び出す関数、繰り返しの間隔);
clearInterval(変数名);
```

以下は、変数countの値が10になった時点でタイマーが停止するよう先ほどのスクリプトを変更した例です。

JS

```
$(function(){
    var count = 0;

    // 初回(0秒時)だけ関数を実行
    countFunc();

    // 1000ミリ秒ごとにcountFunc()関数を実行
    var timer = setInterval(countFunc, 1000);

    // countFunc()関数
    function countFunc(){
        count++;
        $("p").html("変数countの値は" + count + "です");

        // 変数countの値が10になったら停止
        if(count >= 10){
            clearInterval(timer);
        }
    }
});
```

alert() メソッド

▶ アラートを表示させる

ウインドウにアラートを表示させるには、alert() メソッドを使用します。

● alert() メソッド

```
alert(表示させたい内容);
```

以下は、「Hello World!」というメッセージを表示させる例です。

JS

```
$(function(){
    var str1 = "Hello";
    var str2 = " World";

    alert(str1 + str2);
});
```

Memo

本来は文字通り警告文を出すことが目的ですが、制作では変数の値を確認するなど、各種スクリプトのチェックに役立ちます。便利なので是非活用してみてください。

Chapter 03

jQueryのサンプル制作：Level 1

それではいよいよサンプル制作を通してjQueryの学習を始めましょう。まずはごく簡単なメソッドで作ることのできるパーツで、jQueryの使い方に慣れましょう。

Chapter 03
LESSON **05**

jQueryのサンプル制作：Level 1

トグルメニュー

スマートフォンサイトでよく見かけるような、アイコンのクリックでメニューが開閉するナビゲーションを作成します。クリックしたら開くだけの簡単な構造です。

サンプルファイルはこちら 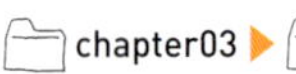 chapter03 ▶ lesson05

講義 制作準備

完成形の確認

アイコンをクリックすると、ナビゲーションが開閉する

Toggle Menu 

Lorem ipsum dolor sit amet, consectetur adipiscing elit, sed do eiusmod tempor incididunt ut labore et dolore magna aliqua. Ut enim ad minim veniam, quis nostrud exercitation ullamco laboris nisi ut aliquip ex ea commodo consequat. Duis aute irure dolor in reprehenderit in voluptate velit esse cillum dolore eu fugiat nulla pariatur. Excepteur sint occaecat cupidatat non proident, sunt in culpa qui officia deserunt mollit anim id est laborum.

Lorem ipsum dolor sit amet, consectetur adipiscing elit, sed do eiusmod tempor incididunt ut labore et dolore magna aliqua. Ut enim ad minim veniam, quis nostrud exercitation ullamco laboris nisi ut aliquip ex ea commodo consequat. Duis aute irure dolor in reprehenderit in voluptate velit esse cillum dolore eu fugiat nulla pariatur. Excepteur sint occaecat cupidatat non proident, sunt in culpa qui officia deserunt mollit anim id est laborum.

Toggle Menu

Menu1

Menu2

Menu3

Menu4

Lorem ipsum dolor sit amet, consectetur adipiscing elit, sed do eiusmod tempor incididunt ut labore et dolore magna aliqua. Ut enim ad minim veniam, quis nostrud exercitation ullamco laboris nisi ut aliquip ex ea commodo consequat. Duis aute irure dolor in reprehenderit in voluptate velit esse cillum dolore eu fugiat nulla pariatur. Excepteur sint occaecat cupidatat non proident, sunt in culpa qui officia deserunt mollit anim id est laborum.

Lorem ipsum dolor sit amet, consectetur adipiscing elit, sed do eiusmod tempor incididunt ut labore et dolore magna aliqua. Ut enim ad minim veniam, quis nostrud exercitation

必要な構成

このメニューの実装に必要なのは、①アイコンをクリックしたときに処理を実行、②ナビゲーションの開閉、という 2 つの機能です。jQuery では、それぞれ 1 つのメソッドで実現できるようになっています。

	構成	jQuery	JavaScript
1	アイコンをクリックする	click()	
2	ナビゲーションが開閉する	slideToggle()	

HTML と CSS の確認

HTML の確認

クリックされるメニューアイコンは button 要素でマークアップしています。

また、ナビゲーションは nav 要素で構成され、展開されるメニュー部分は ul 要素で作られています。

HTML index.html

```
<header>
  <h1>Toggle Menu</h1>
</header>
<nav>
  <button><img src="img/button.png" width="20" height="17" alt="Button"></
button>
  <ul>
    <li><a href="#">Menu1</a></li>
    <li><a href="#">Menu2</a></li>
    <li><a href="#">Menu3</a></li>
    <li><a href="#">Menu4</a></li>
  </ul>
</nav>
```

CSS の確認

アイコンは position:absolute を設定して、ページの右上へ配置しています。

ナビゲーションメニューの ul 要素は初期状態では非表示にしたいため、display:none を指定しています。

CSS style.css

```
/* アイコン部分 */
button{
     position:absolute;
     top:17px;
     right:25px;
     background-color:transparent;
     border:none;
     cursor:pointer;
}
```

```
/* ナビゲーション部分 */
ul{
	display:none;
	list-style-type:none;
}
```

display:none をコメントアウトすると、ナビゲーションが展開された状態を確認することができます。

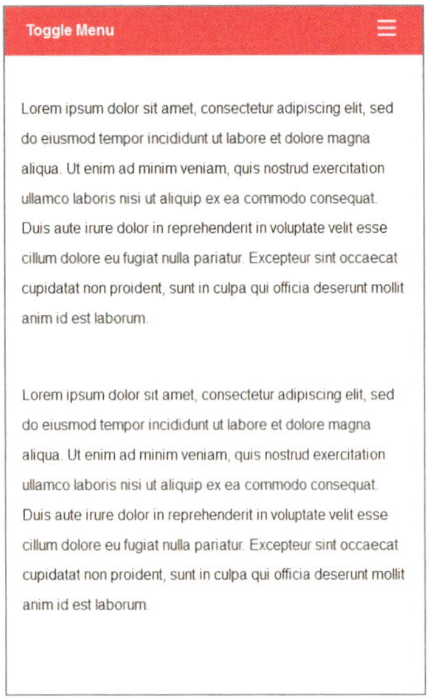

Toggle Menu

Lorem ipsum dolor sit amet, consectetur adipiscing elit, sed do eiusmod tempor incididunt ut labore et dolore magna aliqua. Ut enim ad minim veniam, quis nostrud exercitation ullamco laboris nisi ut aliquip ex ea commodo consequat. Duis aute irure dolor in reprehenderit in voluptate velit esse cillum dolore eu fugiat nulla pariatur. Excepteur sint occaecat cupidatat non proident, sunt in culpa qui officia deserunt mollit anim id est laborum.

Lorem ipsum dolor sit amet, consectetur adipiscing elit, sed do eiusmod tempor incididunt ut labore et dolore magna aliqua. Ut enim ad minim veniam, quis nostrud exercitation ullamco laboris nisi ut aliquip ex ea commodo consequat. Duis aute irure dolor in reprehenderit in voluptate velit esse cillum dolore eu fugiat nulla pariatur. Excepteur sint occaecat cupidatat non proident, sunt in culpa qui officia deserunt mollit anim id est laborum.

Memo

確認を終えたら、コメントは削除して display:none が有効な状態に戻しておきます。

CSS style.css

```
/* ナビゲーション部分 */
ul{
	/* display:none; */
	list-style-type:none;
}
```

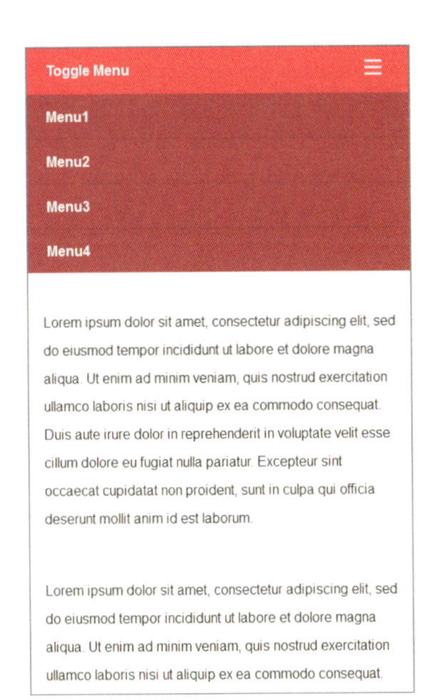

実習 トグルメニューの制作

1 アイコンをクリックしたときの処理を行う：click() メソッド

スクリプト記述用ファイル script.js を開きます。

まず、アイコンをクリックしたときに処理を行うためのコードを記述します。アイコンは button 要素なので、button 要素に click() メソッドを使用して、クリック時の処理ができるようにします。

★覚えよう
click() メソッド（p.042 参照）

JS script.js

```
$(function(){
    // アイコンをクリック
    $("button").click(function(){
        // クリック時の処理
    });
});
```

2 ナビゲーションメニューを開閉する：slideToggle() メソッド

アイコンをクリックしたタイミングで、ナビゲーションメニューの ul 要素を開閉させます。
要素の開閉には slideToggle() メソッドを使用します。開閉のスピードは 200 ミリ秒 (0.2 秒) に設定します。

★覚えよう
slideToggle() メソッド（p.048 参照）

JS script.js

```
$(function(){
	// アイコンをクリック
	$("button").click(function(){
		// ul要素を開閉
		$("ul").slideToggle(200);
	});
});
```

アイコンをクリックして、ナビゲーションが展開するようになれば完成です。

【index.html】

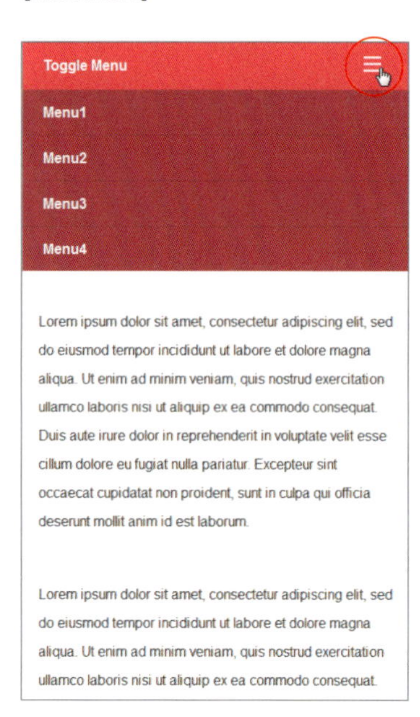

POINT

- クリックしたときの処理は click() メソッドを使用する
- メニューの開閉には slideToggle() を使用する

Chapter 03
LESSON 06

jQueryのサンプル制作：Level 1

アラートボックス

ボタンのクリック時にユーザーにメッセージを伝えるアラートボックスを作成します。背景にも変化をつけてみましょう。

chapter03 ▶ lesson06

講義 制作準備

完成形の確認

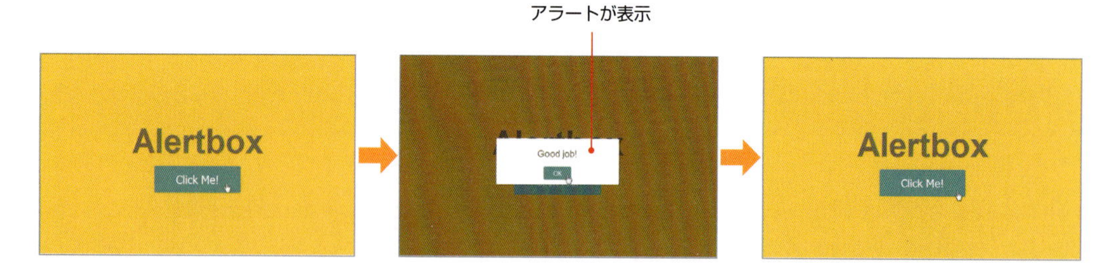

必要な構成

ボタンをクリックすると、背景が半透明の黒になりアラートボックスが表示され、アラートボックス内のボタンをクリックすると元の表示に戻る、という動きになります。

これを実現するために、以下の4つの手順に分けて使用するメソッドを解説します。

	構成	jQuery	JavaScript
1	要素を非表示にする	hide()	
2	背景とアラートボックスを表示する	fadeIn()	
3	アラートボックス内のボタンをクリックする	click()	
4	背景とアラートボックスを非表示にする	fadeOut()	

HTMLとCSSの確認

【index.html】

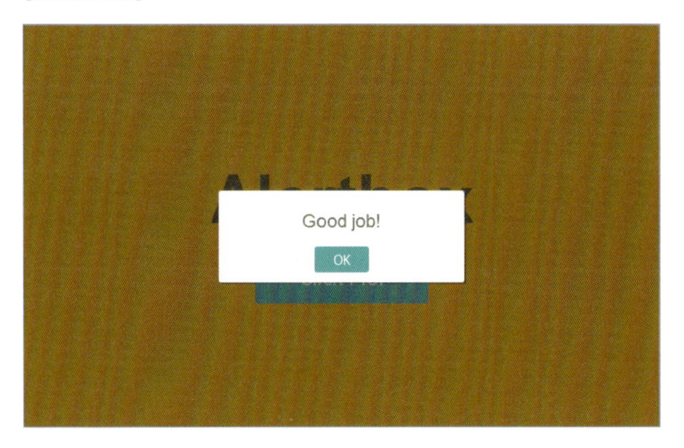

制作開始前は半透明の黒の背景とアラートボックスが全て表示された状態になっています。

HTMLの確認

HTML index.html

```
<h1>Alertbox</h1>
<button id="click">Click Me!</button>
<div id="bg">
  <div id="alertBox">
    <p>Good job!</p>
    <button id="ok">OK</button>
  </div>
</div>
```

アラートボックスを表示するボタンは #click です。
半透明の黒の背景は div 要素の #bg、アラートボックス本体も div 要素で #alertBox に設定しています。

CSSの確認

CSS style.css

```
/* 背景 */
#bg{
     position:fixed;
     left:0;
     top:0;
     height:100%;
     width:100%;
     background:rgba(0, 0, 0, .4);
}
```

```
/* アラートボックス */
#alertBox{
	margin:200px auto 0;
	text-align:center;
	padding-top:25px;
	width:300px;
	height:85px;
	background:#FFF;
	border-radius:3px;
	box-shadow:2px 2px rgba(0, 0, 0, .3);
}
```

背景 #bg は、position:fixed で原点を左上に設定し、幅と高さを 100% にして画面全体を覆うようにします。アラートボックス #alertBox は、margin プロパティで画面中央、上から 200px の位置に配置します。

実習 アラートボックスの制作

1 要素を非表示にする：hide() メソッド

script.js を開き、まず初期設定を行います。

半透明の黒の背景とアラートボックスは、最初は非表示にしなければいけません。要素を非表示にするには、hide() メソッドを使用します。#bg をセレクタとして、hide() メソッドを適用します。

★覚えよう
hide() メソッド（p.045 参照）

JS script.js

```
$(function(){
  // 背景とアラートボックスを非表示にする
  $("#bg").hide();
});
```

【index.html】

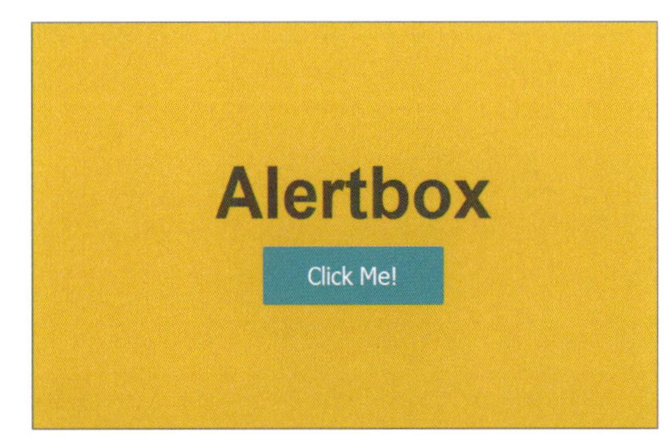

2 クリック時に背景とアラートボックスを表示する：fadeIn() メソッド

次に「Click Me!」ボタン（#click）に click() メソッドを使用し、クリックしたときの処理を記述できるようにします。

★覚えよう
fadeIn() メソッド（p.046 参照）

JS script.js

```
$(function(){
	// 背景とアラートボックスを非表示にする
	$("#bg").hide();

	//「Click Me!」ボタンをクリック
	$("#click").click(function(){
		// クリック時の処理
	});
});
```

ボタンがクリックされたタイミングで、先ほど非表示にした背景とアラートボックスをフェードインで表示させます。要素のフェードインには fadeIn() メソッドを使用します。引数でフェードインのスピードを、300 ミリ秒 (0.3 秒) に設定します。

JS script.js

```
$(function(){
	// 背景とアラートボックスを非表示にする
	$("#bg").hide();

	//「Click Me!」ボタンをクリック
	$("#click").click(function(){
		// 背景とアラートボックスをフェードインする
		$("#bg").fadeIn(300);
	});
});
```

ボタンをクリックして、表示を確認してみましょう。

【index.html】

3 アラートボックス内のボタンをクリックする

今度は、アラートボックス内の「OK」ボタンをクリックしたときの処理を設定します。#click同様、アラートボックス内のボタン #ok にも click() メソッドを使用します。

JS script.js

```
$(function(){
	// 背景とアラートボックスを非表示にする
	$("#bg").hide();

	//「Click Me!」ボタンをクリック
	$("#click").click(function(){
		// 背景とアラートボックスをフェードインする
		$("#bg").fadeIn(300);
	});

	//「OK」ボタンをクリック
	$("#ok").click(function(){
		// クリック時の処理
	});
});
```

4 背景とアラートボックスを非表示にする

#okをクリックしたタイミングで、背景とアラートボックスがフェードアウトするようにします。要素のフェードアウトにはfadeOut() メソッドを使用します。フェードアウトのスピードは300ミリ秒(0.3秒)に設定します。

★覚えよう
fadeOut() メソッド（p.047参照）

JS script.js

```
$(function(){
	// 背景とアラートボックスを非表示にする
	$("#bg").hide();

	// 「Click Me!」ボタンをクリック
	$("#click").click(function(){
		// 背景とアラートボックスをフェードインする
		$("#bg").fadeIn(300);
	});

	// 「OK」ボタンをクリック
	$("#ok").click(function(){
		// 背景とアラートボックスをフェードアウトする
		$("#bg").fadeOut(300);
	});
});
```

【index.html】

アラートボックスの表示および非表示ができるようになれば完成です。

POINT

- あらかじめ表示してある要素を隠すにはhide() メソッドを使う
- 要素をフェードインさせるにはfadeIn() メソッドを、フェードアウトさせるにはfadeOut メソッドを使う

Chapter 03
LESSON 07

難易度 ★☆☆☆☆

jQueryのサンプル制作：Level 1

ビューアー

クリックで選択したサムネールの拡大画像が表示される画像ビューアーを作成します。写真やイラストのギャラリーページなどに活用できます。

サンプルファイルはこちら　chapter03 ▶ lesson07

講義　制作準備

完成形の確認

３種の画像をクリックで切り替えて表示

必要な構成

　サムネールをクリックすると、拡大画像の表示が切り替わります。サムネールのクリックで、対応する画像のURLを取得し、拡大画像の表示を切り替える仕組みです。

	構成	jQuery	JavaScript
1	サムネールをクリックする	click()	
2	選択された画像を表示する	attr()	

HTMLの確認

【index.html】

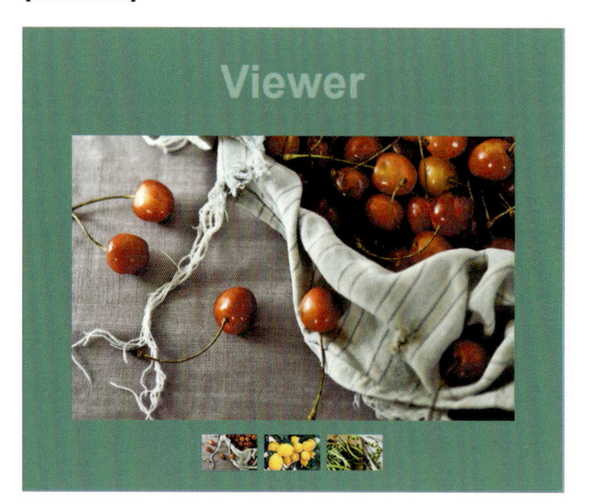

HTML index.html

```
<figure><img src="img/img1.jpg" width="640" height="400" alt="Photo"></figure>
<ul>
  <li><a href="img/img1.jpg"><img src="img/thumb1.jpg" width="80"
  height="50" alt="Photo1"></a></li>
  <li><a href="img/img2.jpg"><img src="img/thumb2.jpg" width="80"
  height="50" alt="Photo2"></a></li>
  <li><a href="img/img3.jpg"><img src="img/thumb3.jpg" width="80"
  height="50" alt="Photo3"></a></li>
</ul>
```

拡大画像を表示するエリアはfigure要素でマークアップしてあり、初期状態では1つ目の拡大画像img1.jpgが表示されています。

サムネールはli要素でリストにしてあり、それぞれa要素のhref属性に、対応する拡大画像のパスを指定しています。したがってthumb1.jpgをクリックした場合、画像ファイルimg1.jpgが直接表示されるようになっています。

実習 ビューアーの制作

1 サムネールをクリックする

サムネールをクリックしたときに切り替え動作をさせたいので、サムネールのa要素に対してclick()メソッドを使用します。

Memo return falseを使用して、a要素のリンク機能を無効にしています。（p.042コラム参照）

JS script.js

```
$(function(){
	// サムネールをクリック
	$("a").click(function(){
		// クリック時の処理

		return false;
	});
});
```

2 選択された画像を表示する

表示する拡大画像のパスを、選択されたa要素のhref属性で判断します。
属性の取得には、attr()メソッドを使用します。

★覚えよう
attr()メソッド（p.037参照）

JS script.js

```
$(function(){
	// サムネールをクリック
	$("a").click(function(){
		// a要素のhref属性を取得
		$(this).attr("href");

		return false;
	});
});
```

ここのthisじゃないとダメ！
クリックされた<a>
という意味になるから。

COLUMN

アラートによるチェック

属性の取得など、視覚的に確認しにくい作業ではアラート表示が便利です。
以下は「href属性の取得」が正しく行われているかを確認するためにalert()メソッドを使用した例です。

JS script.js

```
$(function(){
    // サムネールをクリック
    $("a").click(function(){
        // a要素のhref属性を取得
        alert($(this).attr("href"));

        return false;
    });
});
```

【index.html】

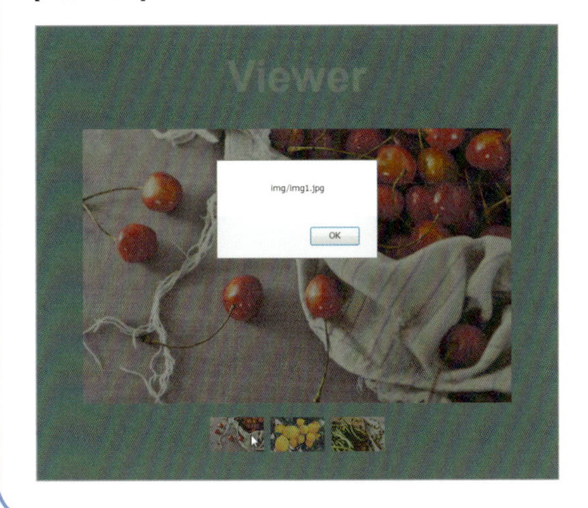

attr() メソッドで取得した href 属性の値を、さらに attr() メソッドを使って、拡大画像（figure img 要素内の src 属性）に設定します。attr() メソッドはこのように、属性の取得と変更の両方に使えます。

★覚えよう
attr() メソッド（p.037 参照）

●選択画像の表示

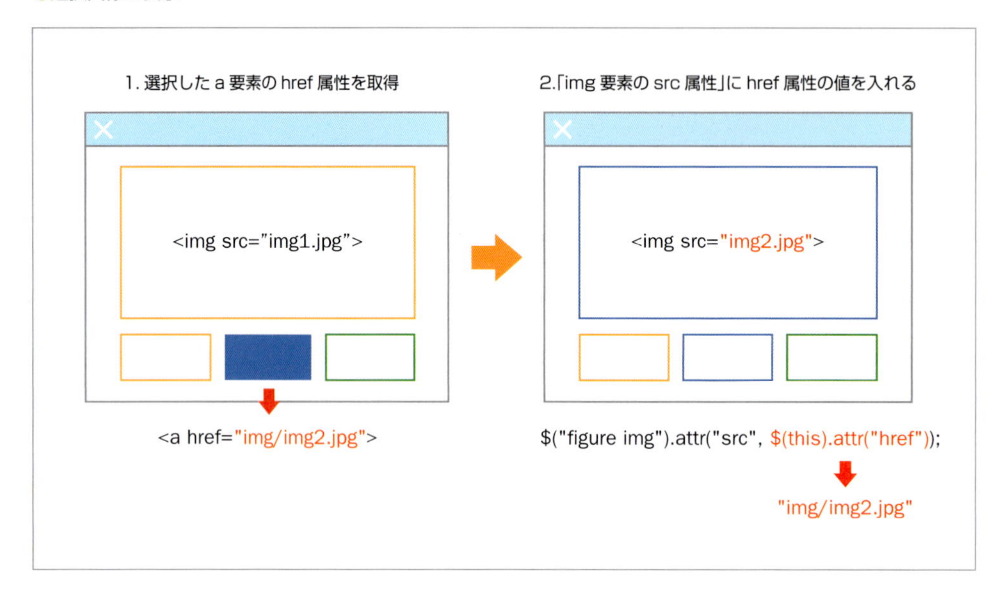

JS script.js

```
$(function(){
    // サムネールをクリック
    $("a").click(function(){
        // 拡大画像のsrc属性に、選択したa要素のhref属性を入れる
        $("figure img").attr("src", $(this).attr("href"));

        return false;
    });
});
```

【index.html】

選択したサムネールに合わせて画像が切り替わるようになれば完成です。

POINT

- クリック時のリンクを無効にするには、return false を使用する
- attr() メソッドを使って要素の属性を取得する
- attr() メソッドを使って要素の属性を変更する

jQueryのサンプル制作：Level 1

タブ

クリックで表示コンテンツを切り替えられるタブを作成します。複数あるコンテンツを同一ページ内でスクロールさせずに見せたいときなどに便利です。

chapter03 ▶ lesson08

講義 制作準備

完成形の確認

タブをクリックすると、コンテンツの内容が切り替わります。

必要な構成

最初は１番目のコンテンツを表示しておき、タブのクリックに合わせて対応するコンテンツ以外を非表示にします。

	構成	jQuery	JavaScript
1	1番目のコンテンツのみを表示させる	hide()	
2	タブを選択する	click()	
3	コンテンツの表示を切り替える	attr() / show() / hide()	
4	選択したタブのスタイルを変更する	removeClass() / addClass()	

HTMLの確認

【index.html】

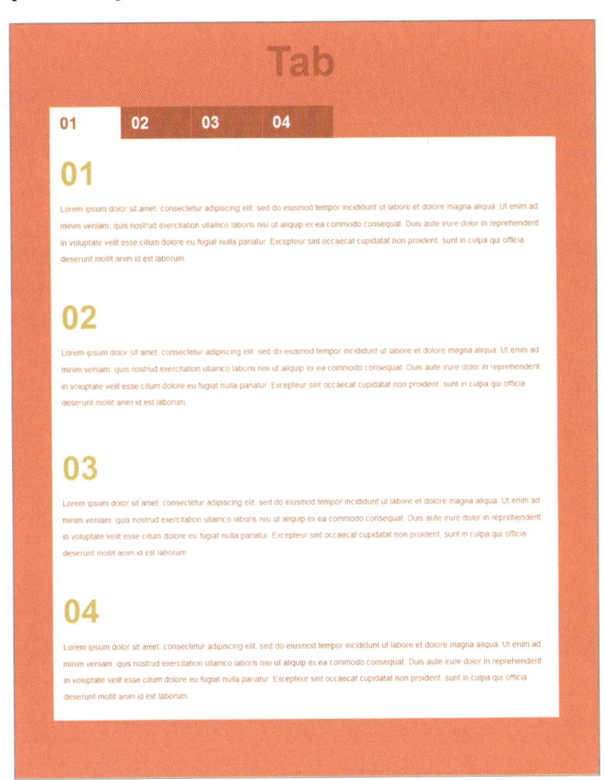

制作開始前は、全てのコンテンツが表示された状態になっています。

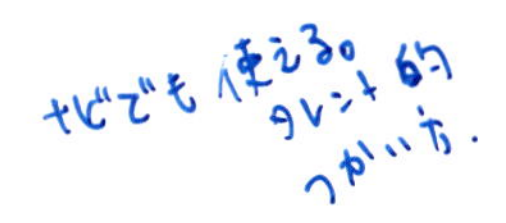

HTML の確認

HTML index.html

```
<ul>
  <li><a href="#tab1" class="current">01</a></li>
  <li><a href="#tab2">02</a></li>
  <li><a href="#tab3">03</a></li>
  <li><a href="#tab4">04</a></li>
</ul>
<div id="contents">
  <div id="tab1"><!-- 1番目のコンテンツ  --></div>
  <div id="tab2"><!-- 2番目のコンテンツ  --></div>
  <div id="tab3"><!-- 3番目のコンテンツ  --></div>
  <div id="tab4"><!-- 4番目のコンテンツ  --></div>
</div>
```

タブ部分は li 要素でマークアップしています。現在選択中のタブには他と異なるスタイルにするため .current クラスを付けています。

コンテンツ部分は #contents 内の div 要素です。各 div 要素に ID を付けて、それをタブ側の a 要素 href 属性に指定しています。

CSS の確認

CSS style.css

```
/* タブ部分 */
ul li{
     float:left;
     margin-right:1px;
     list-style-type:none;
}
```

タブ部分は float:left で横並びにしています。

タブの制作

1 1番目のコンテンツのみを表示させる

タブで切り替えるように見せるため、まずは1番目のコンテンツ以外を非表示にします。

要素の非表示にはhide()メソッドを使用します。非表示にする対象は「id属性がtab1でないdiv要素」となるので、セレクタには演算子を使って#contents div[id != "tab1"]と記述します。

JS script.js

```
$(function(){
    // #tab1以外を非表示にする
    $('#contents div[id != "tab1"]').hide();
});
```

【index.html】

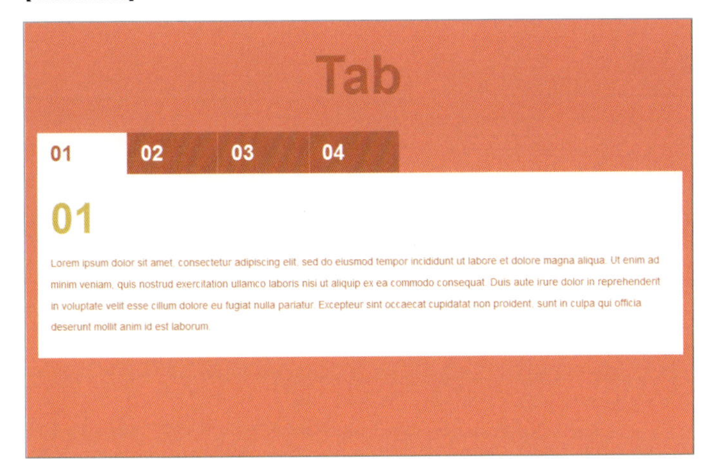

2 タブを選択する

タブの選択時に処理を行うために、a 要素に click() メソッドを使用します。

JS script.js

```
$(function(){
	// #tab1以外を非表示にする
	$('#contents div[id != "tab1"]').hide();

	// タブをクリック
	$("a").click(function(){
		// クリック時の処理

		return false;
	});
});
```

3 コンテンツの表示を切り替える

どのコンテンツを表示させるかの判断は、クリックされたタブの href 属性の値（#tab1 など）を取得することで行います。

属性の取得には attr() メソッドを使用します。

JS script.js

```
$(function(){
	// #tab1以外を非表示にする
	$('#contents div[id != "tab1"]').hide();

	// タブをクリック
	$("a").click(function(){
		// href属性を取得
		$(this).attr("href");

		return false;
	});
});
```

タブの切り替えは、一度全てのコンテンツ（#contents div）を非表示にした後、クリックされたタブに対応するコンテンツだけを再表示させるという流れで実現します。表示すべきコンテンツは、取得したhref属性値（#tab1など）をidに持つ要素です。

非表示・再表示にはそれぞれhide()メソッド、show()メソッドを使用します。

★覚えよう
show()メソッド（p.045参照）

● コンテンツの切り替えの仕組み

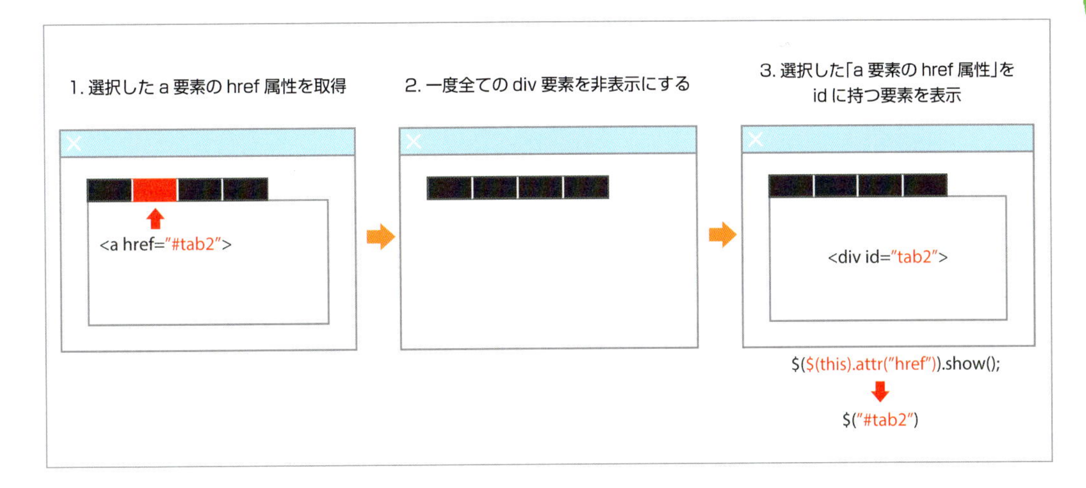

JS script.js

```
$(function(){
    // #tab1以外を非表示にする
    $('#contents div[id != "tab1"]').hide();

    // タブをクリック
    $("a").click(function(){
        // 一度全てのコンテンツを非表示にする
        $("#contents div").hide();

        // 選択されたコンテンツを再表示する
        $($(this).attr("href")).show();

        return false;
    });
});
```

タブをクリックして、コンテンツが切り替わるか確認してみましょう。

【index.html】

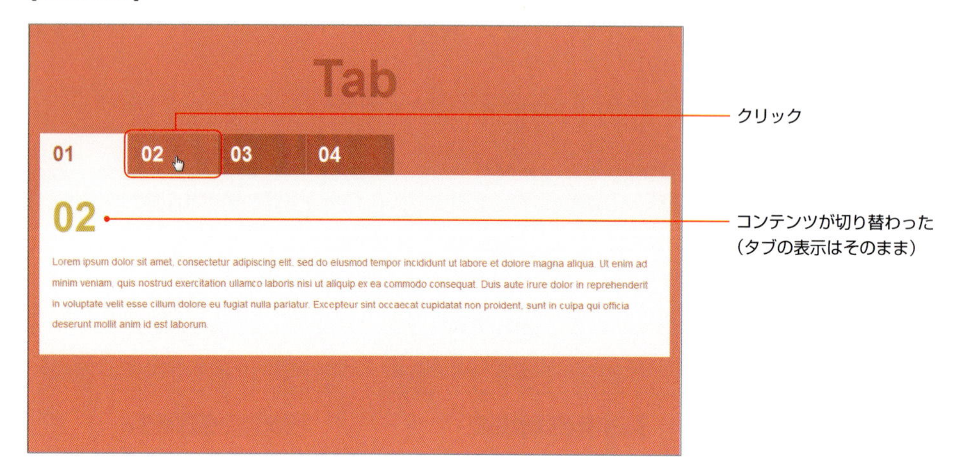

4 選択したタブのスタイルを変更する

この時点では、コンテンツは切り替わってもタブは 1 番目が強調されたままです。

最後に、選択したタブの a 要素へ .current クラスを移動することで、タブのスタイルを変更しましょう。直接クラスを移動することはできないので、まず現在の .current を HTML から削除し、その後選択されたタブへ .current を追加します。

クラスの削除には removeClass() メソッド、追加には addClass() メソッドを使用します。

> ★覚えよう
> removeClass() メソッド（p.034 参照）
> addClass() メソッド（p.034 参照）

● current クラスの切り替え

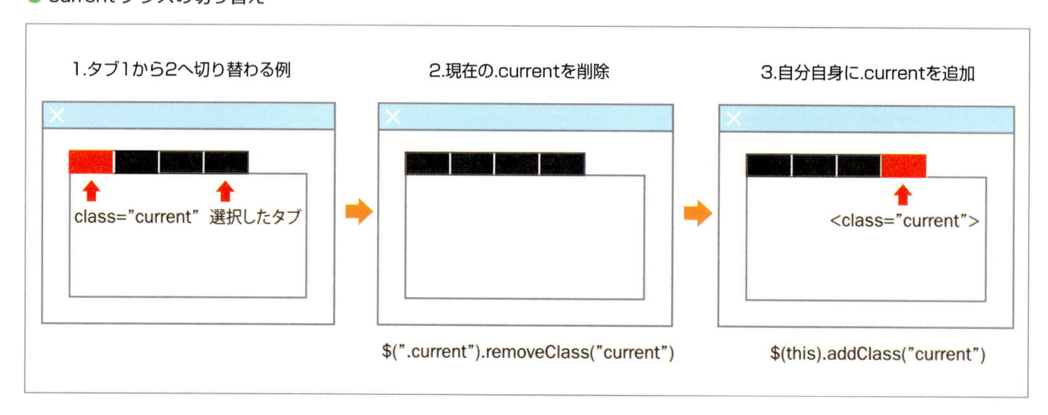

JS script.js

```
$(function(){
    // #tab1以外を非表示にする
    $('#contents div[id != "tab1"]').hide();

    // タブをクリック
    $("a").click(function(){
        // 一度全てのコンテンツを非表示にする
        $("#contents div").hide();

        // 選択されたコンテンツを再表示
        $($(this).attr("href")).show();

        // 現在のcurrentクラスを削除
        $(".current").removeClass("current");

        // 選択されたタブ（自分自身）にcurrentクラスを追加
        $(this).addClass("current");

        return false;
    });
});
```

コンテンツが切り替わり、選択したタブのスタイルが変わるようになれば完成です。

POINT

- HTML と CSS では全てのコンテンツが表示された状態になっている
- タブの href 属性とコンテンツの id 属性を同じにして紐づけ、表示すべきコンテンツを attr() メソッドで取得する
- コンテンツの表示切り替えには、hide() メソッドと show() メソッドを使用する

Chapter 04

jQueryのサンプル制作：Level 2

基本的なメソッドを複数組み合わせて動かすパーツを作成します。
わからない文法が出てきた場合はLESSON03を適宜参照しながら
学習を進めてください。

Chapter 04
LESSON 09

難易度 ★★☆☆☆

jQueryのサンプル制作：Level 2

ドロップダウンメニュー

マウスカーソルを乗せると下層メニューが展開して表示されるナビゲーションを作成します。ページ階層の多いサイトのメニューに活用できます。

サンプルファイルはこちら 

講義 制作準備

完成形の確認

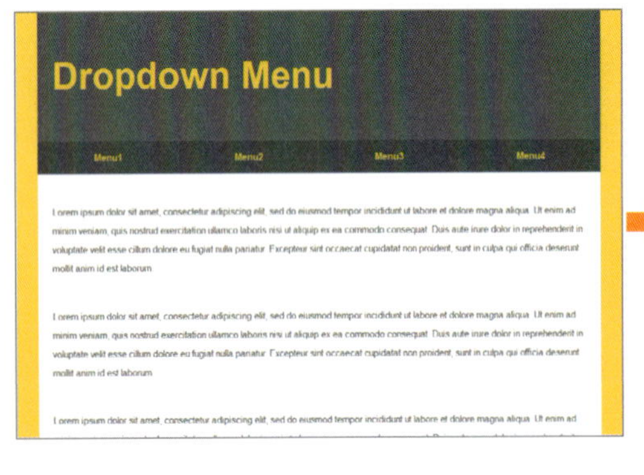

必要な構成

メニュー項目の上にマウスカーソルが載ると、下層のメニューがアニメーションしながら展開して表示されます。マウスオーバーしたときの実行処理と、下層メニューをアニメーションで表示させる処理が必要になります。

	構成	jQuery	JavaScript
1	ナビゲーションにマウスオーバーする	children() / hover()	
2	下層メニューを表示する	children() / slideToggle() / stop()	

HTMLの確認

HTML index.html

```
<nav>
  <ul id="navi">
    <li><a href="#">Menu1</a>
      <ul>
        <li><a href="#">Menu1a</a></li>
        <li><a href="#">Menu1b</a></li>
        <li><a href="#">Menu1c</a></li>
      </ul>
    </li>
    <li><a href="#">Menu2</a>
      <ul>
        <li><a href="#">Menu2a</a></li>
        <li><a href="#">Menu2b</a></li>
        <li><a href="#">Menu2c</a></li>
      </ul>
    </li>
    <li><!-- Menu3 --></li>
    <li><!-- Menu4 --></li>
  </ul>
</nav>
```

メニューはul要素を入れ子にして作っています。親階層のul要素にはid属性#naviを付け、各li要素の中にul要素を入れて子階層のメニューにします。

CSS style.css

```
/* 子階層のナビゲーション */
ul ul{
          display:none;
          position:absolute;
          width:250px;
}
```

子階層のメニューはマウスオーバーで表示させます。最初の状態では下層メニューが表示されないように、CSSでdisplay:noneを指定しておきます。

jQueryスクリプトを記述していない段階では、メニュー項目にマウスカーソルを重ねても下層メニューは展開されません。

【index.html】

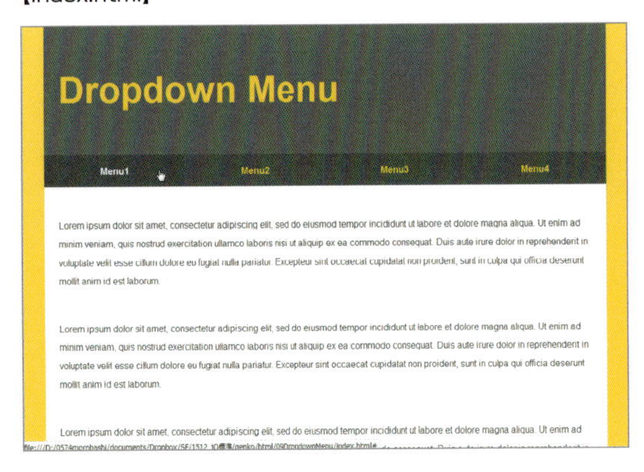

実習 メニューの制作

1 マウスオーバー時に実行する

親階層の li 要素に hover() メソッドを使用して、マウスオーバー時の処理を指定できるようにします。

#navi 直下の li 要素「#navi li」のみが対象になる（「#navi li li」には適用されない）ようにしたいので、children() メソッドを組み合わせます。

★覚えよう
hover() メソッド（p.043 参照）
children() メソッド（p.050 参照）

JS script.js

```
$(function(){
        // #navi直下のli要素をマウスオーバー
        $("#navi").children("li").hover(function(){
                // マウスオーバー時の処理
        });
});
```

2 下層メニューをアニメーションで展開表示する

子階層のナビゲーションを表示させます。アニメーションで表示するには、slideToggle() メソッドを使用します。

開閉のスピードは 100 ミリ秒 (0.1 秒) に設定します。

また、アニメーションの重複を防ぐために stop() メソッドを組み合わせています。

★覚えよう
stop() メソッド（p.049 参照）

JS script.js

```
$(function(){
        // #navi直下のli要素をマウスオーバー
        $("#navi").children("li").hover(function(){
                // 下層ナビゲーションの表示を切り替える
                $(this).children("ul").stop().slideToggle(100);
        });
});
```

【index.html】

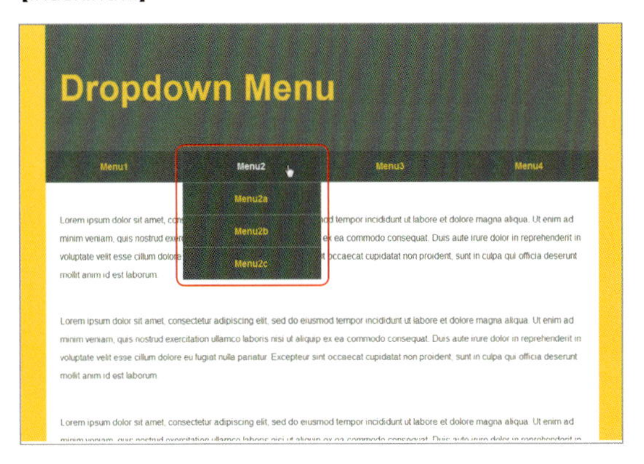

親階層のナビゲーションにマウスを重ねて、子階層のメニューが展開されれば完成です。

POINT

- マウスオーバー時の処理には hover() メソッドを使う
- 直接の子要素だけを指定したいときは、children() メソッドを使う
- アニメーションの重複を防ぐには、stop() メソッドを使う

Chapter 04
LESSON 10

jQueryのサンプル制作：Level 2

フローティングメニュー

ブラウザをスクロールしても定位置に戻ってくるナビゲーションを作成します。コンテンツ量が多いページでも、すぐにメニューにアクセスできます。

サンプルファイルはこちら chapter04 ▶ lesson10

講義 制作準備

完成形の確認

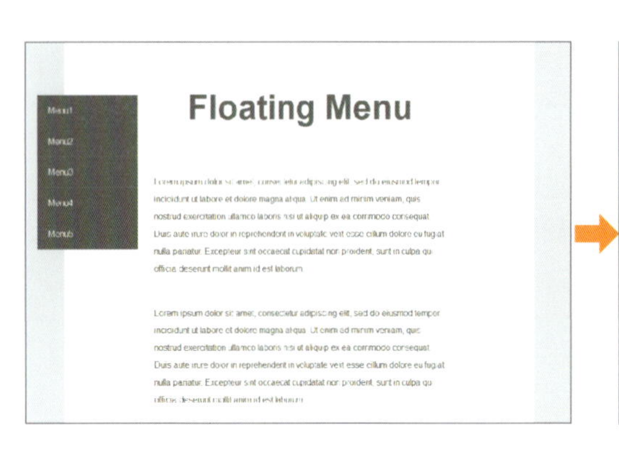

必要な構成

ブラウザのスクロールに合わせて追従するメニューです。画面がスクロールしたときに処理を実行し、ナビゲーションメニューの位置をアニメーションで移動します。

	構成	jQuery	JavaScript
1	ブラウザをスクロールする	scroll()	
2	ナビゲーションを移動させる	scrollTop() / animate() / stop()	

HTML と CSS の確認

HTML index.html

```
<header>
  <h1>Floating Menu</h1>
</header>
<nav>
  <ul>
    <li><a href="#">Menu1</a></li>
    <li><a href="#">Menu2</a></li>
    <li><a href="#">Menu3</a></li>
    <li><a href="#">Menu4</a></li>
    <li><a href="#">Menu5</a></li>
  </ul>
</nav>
<main><!-- 省略 --></main>
```

ナビゲーションメニューは、nav 要素で構成しています。

CSS style.css

```
/* ナビゲーション部分 */
nav{
     position:absolute;
     top:100px;
     left:-50px;
}
```

CSS では、nav 要素に position:absolute を使用して、画面左上を基準とした絶対配置にしています。

【index.html】

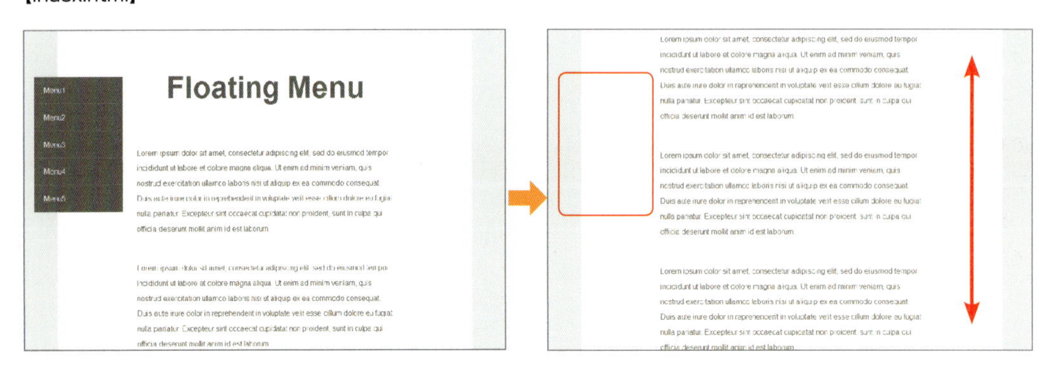

初期状態ではスクロールをしてもメニューは追従しません。

実習　フローティングメニューの制作

1　ブラウザのスクロール時に実行する

nav 要素の移動はブラウザ画面をスクロールするタイミングで行われるので、スクロール時の処理を設定するための scroll() メソッドを使用します。この場合、ブラウザ画面が対象になるので、セレクタは window になります。

★覚えよう
scroll() メソッド (p.044 参照)

JS　script.js

```
$(function(){
    // ブラウザをスクロール
    $(window).scroll(function(){
        // スクロール時の処理
    });
});
```

2 ナビゲーションを移動させる

スクロール後のナビゲーションメニューの位置を移動させます。ナビゲーションメニューの初期位置は、CSSの top プロパティでブラウザの上から 100px に指定されています。この値を jQuery で変更することで、メニューを移動できます。

まずはスクロール後の新しい位置を求めましょう。スクロール後の位置は、スクロール量＋ 100px（初期位置）で計算できます。スクロール量の取得には、scrollTop() メソッドを使用します。

★覚えよう
scrollTop() メソッド (p.036 参照)

●ナビゲーション位置の取得

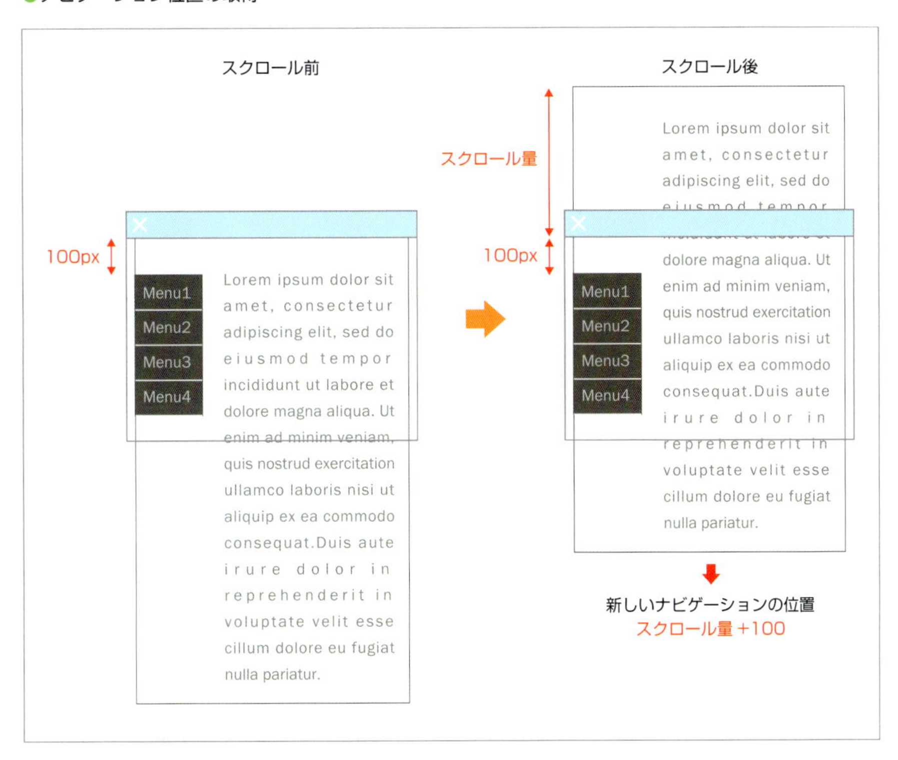

JS script.js

```
$(function(){
    // ブラウザをスクロール
    $(window).scroll(function(){
        // ナビゲーションの新しい位置を計算
        $(window).scrollTop() + 100;
    });
});
```

続いて、求めた新しい位置を、nav 要素の top プロパティの値とすることで、ナビゲーションを移動させます。ここでは animate() メソッドを使用し、アニメーションで移動させるようにします。開閉のスピードは 500 ミリ秒に設定しました。

Memo
アニメーションの重複を避けるため、stop() メソッドも合わせて使用します。

★覚えよう
animate() メソッド (p.048 参照)

JS script.js

```
$(function(){
    // ブラウザをスクロール
    $(window).scroll(function(){
        // ナビゲーションを新しい位置へ移動
        $("nav").stop().animate({"top" : $(window)
        .scrollTop() + 100}, 500);
    });
});
```

スクリプトファイルを保存し、ブラウザをスクロールして確認してみましょう。

【index.html】

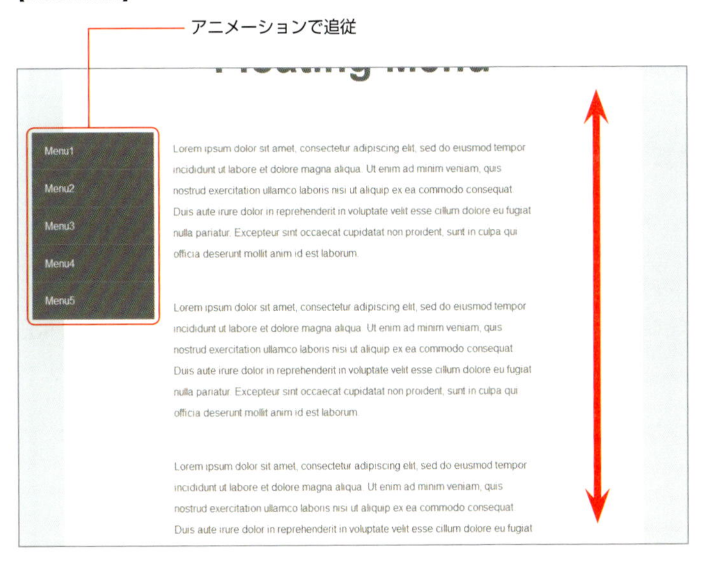

ブラウザのスクロールに追従して、常に同じ位置へナビゲーションが戻ってくるようになれば完成です。

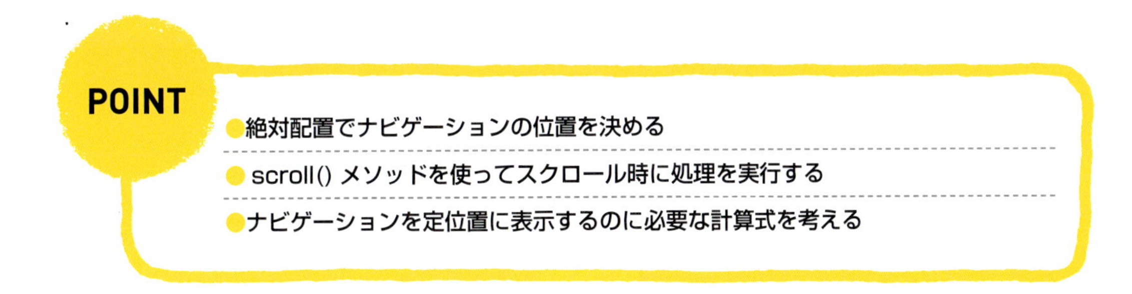

POINT
絶対配置でナビゲーションの位置を決める
scroll() メソッドを使ってスクロール時に処理を実行する
ナビゲーションを定位置に表示するのに必要な計算式を考える

Chapter 04
LESSON 11

jQueryのサンプル制作：Level 2

Lightbox風モーダルウインドウ

いわゆるLightboxのような、サムネールをクリックすると拡大画像が最前面に表示されるビューアーを作成します。拡大画像を閉じるまで他の操作をできなくするモーダルウインドウにしてみましょう。

サンプルファイルはこちら

chapter04 ▶ lesson11

講義　制作準備

完成形の確認

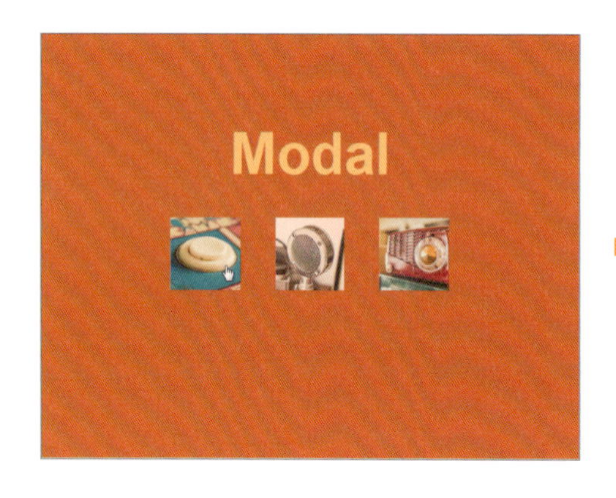

必要な構成

サムネールをクリックすると、その拡大画像が表示されます。周囲の背景をクリックすると元に戻ります。これら一連の動作を実現するために、サムネールのクリックによる処理の実行、拡大画像の表示、画面を基に戻す、という処理を組み込みます。

	構成	jQuery	JavaScript
1	サムネールを選択する	click()	
2	背景と拡大画像をフェードイン表示する	append() / hide() / html() / attr() / fadeIn()	
3	画面を元に戻す	click() / fadeOut() / remove()	

HTMLとCSSの確認

HTML index.html

```
<ul>
  <li><a href="img/img1.jpg"><img src="img/thumb1.jpg" width="100"
  height="100" alt="Photo1"></a></li>
  <li><a href="img/img2.jpg"><img src="img/thumb2.jpg" width="100"
  height="100" alt="Photo2"></a></li>
  <li><a href="img/img3.jpg"><img src="img/thumb3.jpg" width="100"
  height="100" alt="Photo3"></a></li>
</ul>
```

サムネール部分はli要素でリストとしてマークアップしています。それぞれのサムネール画像には、a要素のhref属性で拡大画像へのリンクを貼ってあります。例えば、サムネール画像thumb1.jpgには、拡大画像img1.jpgが対応します。

CSS style.css

```
/* 半透明の背景部分 */
#bg{
    position:fixed;
    left:0;
    top:0;
    height:100%;
    width:100%;
    background:rgba(0, 0, 0, .4);
}

/* 拡大写真部分 */
#photo{
    position:absolute;
    top:0;
    left:0;
    right:0;
    bottom:0;
    margin:auto;
    width:640px;
    height:420px;
}
```

CSS では、拡大画像を表示したときのスタイルをあらかじめ記述しておきます。

#bg は、拡大画像の背景用のスタイルです。position:fixed で画面全体を覆うように指定し、background プロパティで黒を半透明に設定しています。#photo は画面中央に表示させる拡大画像用のスタイルです。position:absolute で絶対座標にして、幅と高さを指定しています。

これらの ID セレクタに対応する id 属性は、この段階では HTML 内にはありません。後から jQuery で生成することになります。

【index.html】

制作開始前は、単純に拡大画像のファイルにリンクしている状態です。

実習 モーダルウインドウの制作

1 サムネールクリック時に実行する

サムネールのリンクをクリック時に処理を実行するために、a 要素に対して click() メソッドを使用します。

> **Memo** return false でリンクを無効にしておきます。

JS script.js

```
$(function(){
    // サムネールをクリック
    $("a").click(function(){
        // クリック時の処理

        return false;
    });
});
```

2 背景と拡大画像をフェードイン表示する

サムネールをクリックしたタイミングで、半透明の背景 #bg と拡大写真 #photo を生成します。

まず body 要素内の末尾に、append() メソッドを使って div 要素を 2 つ追加します。各要素には id 属性で「bg」と「photo」を指定します。これらが、先に CSS でスタイルを定義しておいた背景（#bg）と拡大画像（#photo）に対応します。

★覚えよう
append() メソッド (p.039 参照)

● #bg と #photo の追加

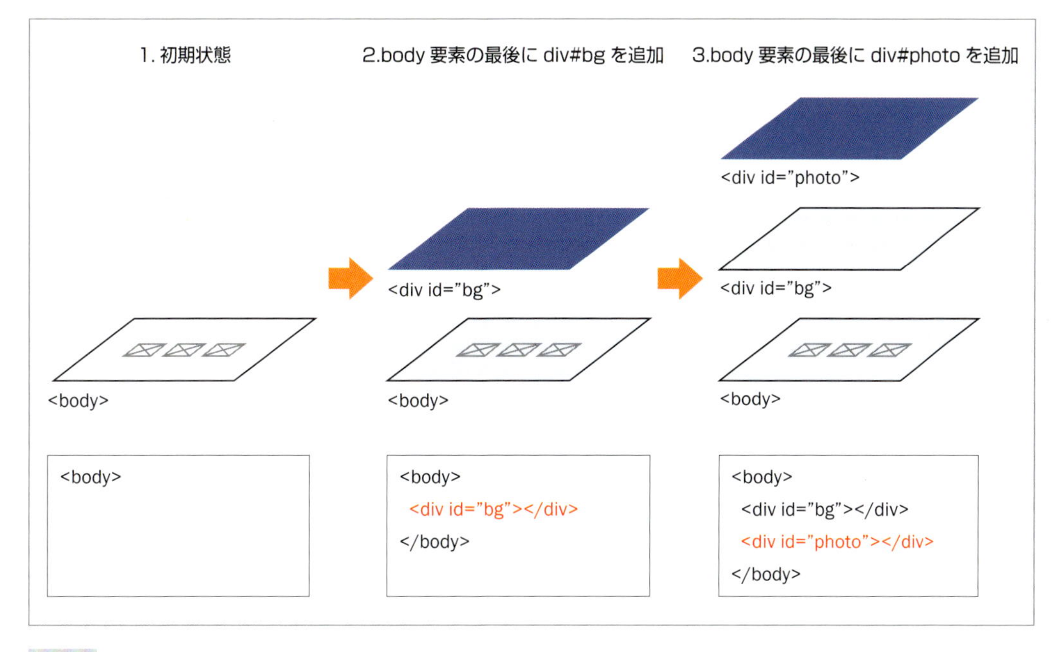

JS script.js

```
$(function(){
	// サムネールをクリック
	$("a").click(function(){
		// body要素の最後にdiv#bgを追加
		$("body").append('<div id="bg">');

		// body要素の最後にdiv#photoを追加
		$("body").append('<div id="photo">');

		return false;
	});
});
```

Memo
クォーテーションが入れ子になっているので、ダブルクォーテーションとシングルクォーテーションを組み合わせています。(p.054 コラム参照)

Memo
$("body").append('<div id="bg">', "<div id="photo">'); のように、カンマ区切りで一度に記述することもできます。

スクリプトファイルを保存し、ブラウザでサムネールをクリックして確認してみましょう。

【index.html】

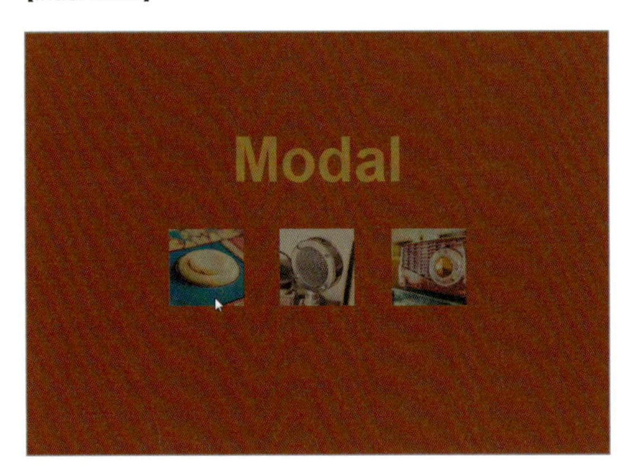

事前にスタイルシートを用意しておいたので、#bg は半透明の背景として表示されます。しかし、#photo にはまだ写真が入っていないので何も表示されません。

動作を確認したら、#bg、#photo ともに hide() メソッドで一度非表示にしておきます。

JS script.js

```
$(function(){
    // サムネールをクリック
    $("a").click(function(){
        //  body要素の最後にdiv#bgを追加
        $("body").append('<div id="bg">');

        //  body要素の最後にdiv#photoを追加
        $("body").append('<div id="photo">');

        //  それぞれ非表示にする
        $("#bg").hide();
        $("#photo").hide();

        return false;
    });
});
```

次に拡大画像を準備します。先ほど作成した #photo の中に、拡大画像表示用の img 要素を html() メソッドで追加します。

さらにその img 要素に、attr() メソッドで src 属性を設定します。表示させる画像のパスはクリックした a 要素の href 属性の値ですので、追加する src 属性の値には $(this).attr("href") を指定します。そのほか同様に attr() メソッドで width、height、alt 属性も追加します。

★覚えよう
html() メソッド (p.038 参照)

●拡大画像の表示

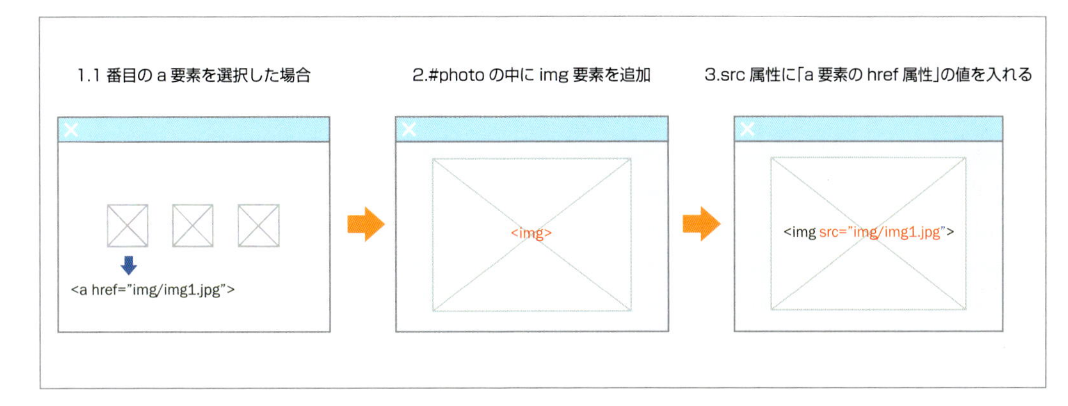

JS script.js

```
$(function(){
    // サムネールをクリック
    $("a").click(function(){
        // body要素の最後にdiv#bgを追加
        $("body").append('<div id="bg">');

        // body要素の最後にdiv#photoを追加
        $("body").append('<div id="photo">');

        // それぞれ非表示にする
        $("#bg").hide();
        $("#photo").hide();

        // #photoの中にimg要素を追加
        $("#photo").html("<img>");

        // img要素にsrc属性を設定
        $("#photo img").attr("src", $(this).attr("href"));

        // img要素にwidth、height、alt属性を設定
        $("#photo img").attr("width", 640);
        $("#photo img").attr("height", 420);
        $("#photo img").attr("alt", "Photo");

        return false;
    });
});
```

画像の設定が完了したので、非表示にしてある #bg と #photo を、fadeIn() メソッドでフェードイン表示するように設定します。コードの記述ができたら、クリックした画像がフェードイン表示されるかブラウザで確認してみましょう。

JS script.js

```
$(function(){
    // サムネールをクリック
    $("a").click(function(){
        //  body要素の最後にdiv#bgを追加
        $("body").append('<div id="bg">');

        //  body要素の最後にdiv#photoを追加
        $("body").append('<div id="photo">');

        // それぞれ非表示にする
        $("#bg").hide();
        $("#photo").hide();

        // #photoの中にimg要素を追加
        $("#photo").html("<img>");

        // img要素にsrc属性を設定
        $("#photo img").attr("src", $(this).attr("href"));

        // img要素にwidth、height、alt属性を設定
        $("#photo img").attr("width", 640);
        $("#photo img").attr("height", 420);
        $("#photo img").attr("alt", "Photo");

        // #bgと#photoをフェードイン
        $("#bg").fadeIn();
        $("#photo").fadeIn();

        return false;
    });
});
```

【index.html】

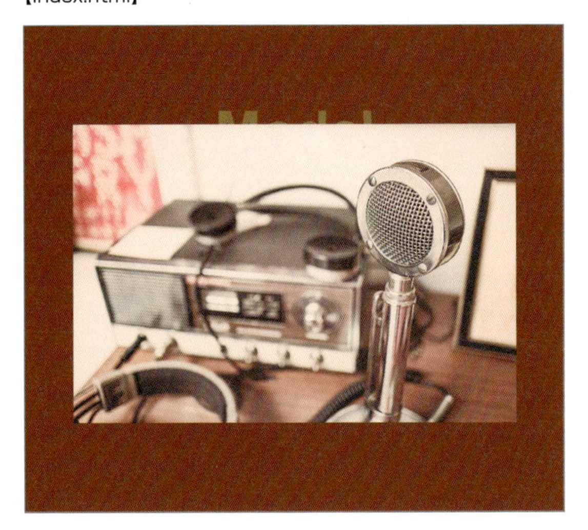

3 画面を元に戻す

最後に、背景をクリックすると#bgと#photoがフェードアウトされ、元の状態に戻るようにします。#bgをセレクタとして、click()メソッドとfadeOut()メソッドを使用します。

JS script.js

```
$(function(){
	// サムネールをクリック
	$("a").click(function(){
		/* 省略 */

		// #bgと#photoをフェードイン
		$("#bg").fadeIn();
		$("#photo").fadeIn();

		// 背景をクリック
		$("#bg").click(function(){
			// 背景（自分自身）をフェードアウト
			$(this).fadeOut();

			// 拡大画像をフェードアウト
			$("#photo").fadeOut();
		});

		return false;
	});
});
```

これで背景と拡大画像は非表示になりますが、サムネールのクリックで追加された要素自体はまだソースコード上に残っています。この状態では、サムネールをクリックするたびに #bg と #photo がどんどん追加されてしまいます。

● #bg と #photo の重複追加

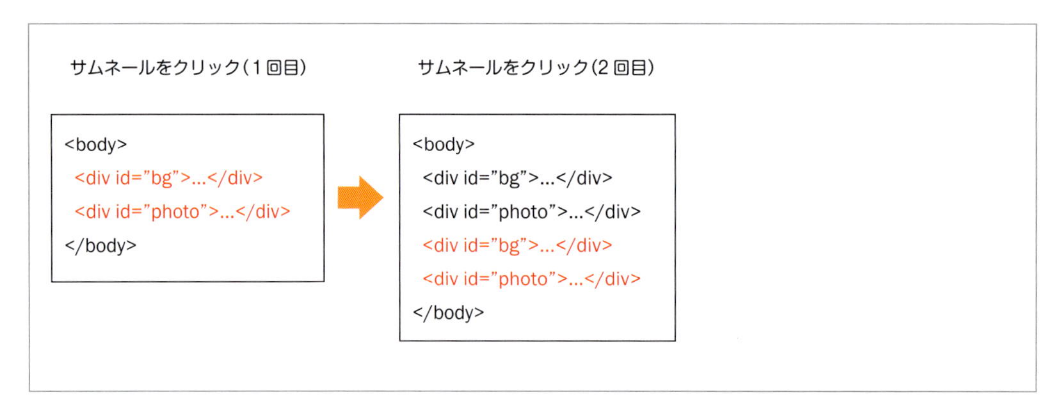

そこでフェードアウト完了時に、#bg と #photo を remove() メソッドを使って削除します。

★覚えよう
remove() メソッド (p.040 参照)

● #bg と #photo の削除

JS script.js

```
$(function(){
	$("a").click(function(){
		/* 省略 */

		// 背景をクリック
		$("#bg").click(function(){
			// 背景（自分自身）をフェードアウト、完了したら削除
			$(this).fadeOut(function(){
				$(this).remove();
			});

			// 画像をフェードアウト、完了したら削除
			$("#photo").fadeOut(function(){
				$(this).remove();
			});
		});

		return false;
	});
});
```

これでモーダルウインドウは完成です。

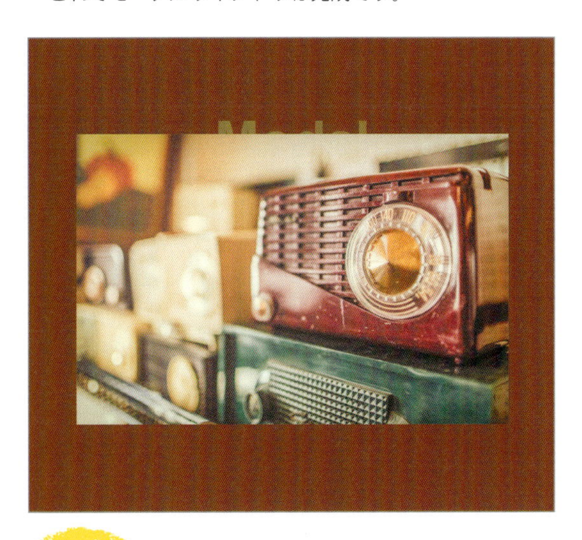

POINT

- あらかじめCSSでスタイルを定義しておいた要素を、append() メソッドで生成して利用する
- 不要になった要素は remove() メソッドで削除する

Chapter 04
LESSON 12

jQueryのサンプル制作：Level 2

画像のキャプション表示

マウスカーソルを乗せると画像上に説明文が表示されるページを作成します。ギャラリーページや商品一覧、記事一覧など、さまざまなページに応用できます。

講義 制作準備

完成形と基本構成

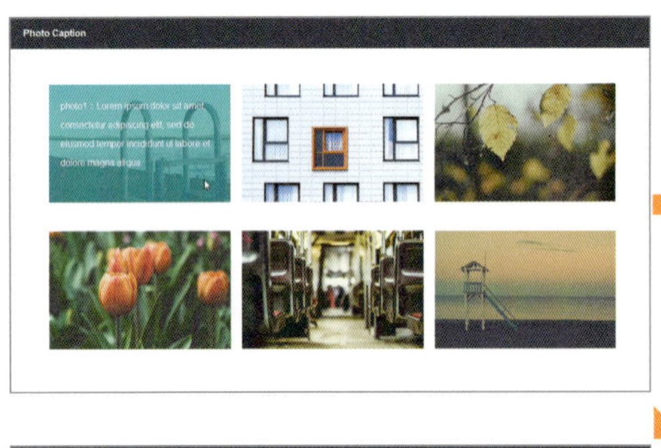

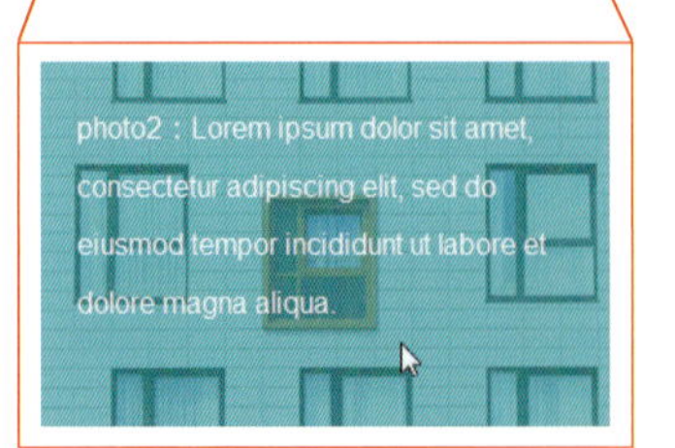

必要な構成

画像の上にマウスカーソルを載せると、キャプションが画像に重なって表示されます。マウスオーバーでの処理実行、キャプションの追加と表示、マウスカーソルが離れた時に元に戻す処理を組み合わせます。

	構成	jQuery	JavaScript
1	キャプション部分を追加する	append() / each() / html() / parent() / children() / attr()	
2	マウスオーバー / アウト時の処理を行う	hover() / children() / fadeIn() / fadeOut() / animate() / stop()	

HTMLとCSSの確認

HTML index.html

```
<ul>
  <li><img src="img/img1.jpg" alt="photo1：Lorem ipsum dolor sit amet,
  consectetur adipiscing elit, sed do eiusmod tempor incididunt ut labore
  et dolore magna aliqua." width="320" height="200"></li>
  <li><!-- 省略 --></li>
  <li><!-- 省略 --></li>
  <li><!-- 省略 --></li>
  <li><!-- 省略 --></li>
  <li><!-- 省略 --></li>
</ul>
```

画像はli要素で並べています。img要素のalt属性の値に、キャプションとしたい文章をあらかじめ記述しておきます。

CSS style.css

```
/* li要素部分 */
main li{
	position:relative;
	float:left;
	width:320px;
	margin:0 20px 50px 0;
	color:#FFF;
	line-height:2em;
}

/* キャプション部分 */
main div{
	position:absolute;
	display:none;
	width:100%;
	height:100%;
	padding:20px;
	background:rgba(17, 179, 179, .7);
	top:0;
	left:0;
	box-sizing:border-box;
}

/* アニメーション用に10pxずらしておく */
main p{
	position:relative;
	top:10px;
}
```

CSSでは、画像を並べるli要素にposition:relativeを、div要素にposition:absoluteで幅と高さを100％に設定します。このdiv要素はHTMLソースには書かれていませんが、画像の上に重ねてキャプションを表示するための領域です。後からjQueryでli要素内に生成する要素になります。

一番下のp要素も後から生成する要素で、div要素の中に入れるキャプションの本文です。マウスオーバー時に10px上へアニメーションさせるため、あらかじめ下に10px分ずらしておきます。

● li 要素内の構成

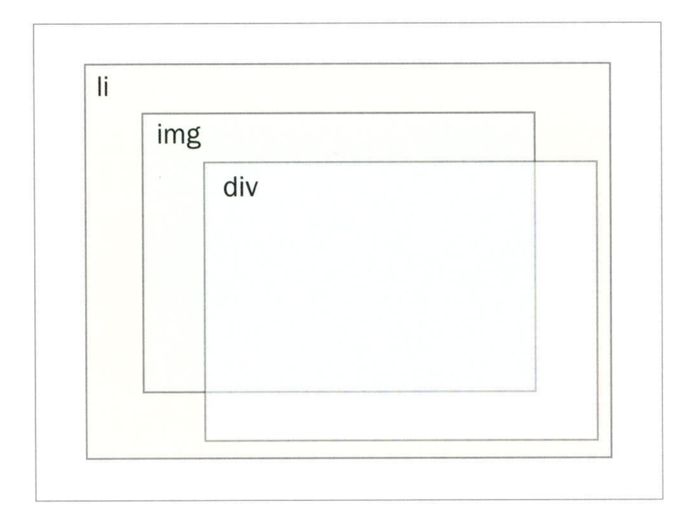

【index.html】

サンプルファイルの初期状態ではマウスカーソルを重ねても何も表示されません。

実習 キャプション表示の制作

1 キャプション部分を追加する

まずは、キャプション部分の要素を jQuery で生成します。
HTML 上では、li 要素内の構成は次のようになっています。

HTML index.html

```
<li>
  <img src="img/img1.jpg" alt=" 画像のキャプション " width="320" height="200">
</li>
```

このli 要素内にdiv 要素を、さらにそのdiv 要素の中にp 要素を追加して、以下のようなイメージでキャプションを作成します。

```
<li>
  <img src="img/img1.jpg" alt=" 画像のキャプション " width="320" height="200">
  <div><p> 画像のキャプション </p></div>
</li>
```

それでは実装してみましょう。まずはappend() メソッドを使って、li 要素の最後に div 要素を追加します。

JS script.js

```
$(function(){
  // li要素の最後にdiv要素を追加
  $("li").append("<div>");
});
```

Memo
本来 $("li").append("<div></div>") ですが、$("li").append("<div>") のように省略して書くこともできます。

続いて、追加した div 要素の中に、画像のキャプションを追加します。
each() メソッドを使って、div 要素それぞれに対して操作を行う準備をします。

JS script.js

```
$(function(){
  // li要素の最後にdiv要素を追加
  $("li").append("<div>");

  // div要素内に画像のキャプションを追加
  $("div").each(function(){

  });
});
```

キャプションに使用するテキストには、各img要素のalt属性の値を使用します。これはdiv要素から眺めると「自分の親要素の子要素であるimg要素のalt属性」になります。

```
<li>
   <img src="img/img1.jpg" alt=" 画像のキャプション " width="320"
   height="200">
   <div><p> 画像のキャプション</p></div>
</li>
```

<div 要素から見たキャプション用テキストの位置>

「自分の親要素の子要素のalt 属性の値」

div要素　li要素　img要素

親要素はparent() メソッド、子要素children() メソッドを使ってそれぞれアクセスすることができますので、これをスクリプトにすると、以下のようになります。

JS script.js

```
$(function(){
  // li要素の最後にdiv要素を追加
  $("li").append("<div>");

  // div要素内に画像のキャプションを追加
  $("div").each(function(){
    // 画像のキャプションを取得
    $(this).parent().children("img").attr("alt");
  });
});
```

最後に、取得したキャプション用のテキストを p 要素として、div 要素内に収めます。

JS script.js

```
$(function(){
  // li要素の最後にdiv要素を追加
  $("li").append("<div>");

  // div要素内に画像のキャプションを追加
  $("div").each(function(){
    $(this).html("<p>" + $(this).parent().children("img").attr("alt") + "</p>");
  });
});
```

これでキャプション部分は完成です。

2 マウスオーバー / アウト時の処理を行う

続いて、追加したキャプション部分がマウスオーバー時に表示されるようにします。
まずは hover() メソッドを使って、マウスオーバー / アウトの準備を行います。

JS script.js

```
$(function(){
  // li要素の最後にdiv要素を追加
  $("li").append("<div>");

  // div要素内に画像のキャプションを追加
  $("div").each(function(){
    $(this).html("<p>" + $(this).parent().children("img").attr("alt") + "</p>");
  });

  // li要素をマウスオーバー
  $("li").hover(function(){
    // マウスオーバー時の処理
  }, function(){
    // マウスアウト時の処理
  });
});
```

キャプション部分はフェードイン表示されるようにしたいので、fadeIn() メソッドを使用します。

今回は、animate() メソッドも加えて p 要素を上へ 10px 移動させ、ふわっと浮かび上がって表示されるような効果も加えてみます。

スピードはそれぞれ 300 ミリ秒とします。動作の重複を避けるため stop() メソッドもあわせて使用します。

JS script.js

```
$(function(){
  /* 省略 */

  // li要素をマウスオーバー
  $("li").hover(function(){
    // キャプション部分の表示：フェードイン
    $(this).children("div").stop().fadeIn(300);

    // キャプションのテキスト位置：10pxから0pxへ移動
    $(this).children("div").children("p").stop().animate({"top" : 0}, 300);
  }, function(){
    // マウスアウト時の処理
  });
});
```

ここまで書いたら、ブラウザで画像にマウスカーソルを重ねてキャプションの表示を確認してみましょう。

この段階では、まだマウスアウトの処理を記述していないので、カーソルを外してもキャプションが残り、またカーソルを載せた数だけキャプションが上から重ねて追加されていきます。

最後に、マウスアウト時にキャプション部分がフェードアウトし、p 要素が下へ 10px 移動するようにします。それぞれ fadeOut() メソッド、animate() メソッドを使用します。

JS script.js

```
$(function(){
  /* 省略 */

  // li要素をマウスオーバー
  $("li").hover(function(){
    // キャプション部分の表示：フェードイン
    $(this).children("div").stop().fadeIn(300);

    // キャプションのテキスト位置：10pxから0pxへ移動
    $(this).children("div").children("p").stop().animate({"top" : 0}, 300);
  }, function(){
    // キャプション部分の非表示：フェードアウト
    $(this).children("div").stop().fadeOut(300);

    // キャプションのテキスト位置：0pxから10pxへ移動
    $(this).children("div").children("p").stop().animate({"top":"10px"}, 300);
  });
});
```

マウスカーソルの挙動に応じて、キャプションの表示／非表示が切り替わるようになれば完成です。

POINT

- メソッドで、マウスオーバー時とマウスアウト時の処理内容を設定する
- children() メソッド、parent() メソッド、attr() メソッドを組み合わせて、操作対象の要素や属性を正しく指定する
- フェードイン／フェードアウトとアニメーションを組み合わせて浮かび上がるような効果を作る

Chapter 04
LESSON 13

jQueryのサンプル制作：Level 2

ツールチップ

マウスカーソルを乗せると説明がフキダシで表示されるツールチップを作成します。アイコンを使ったナビゲーションメニューなどに使えます。

サンプルファイルはこちら 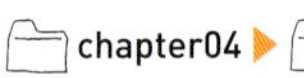 chapter04 ▶ lesson13

制作準備

完成形の確認

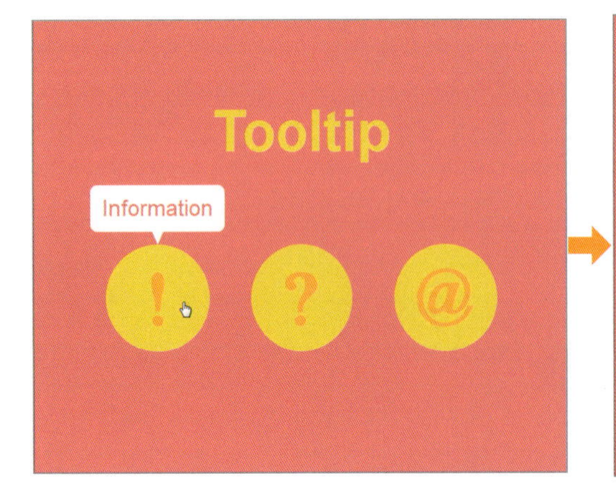

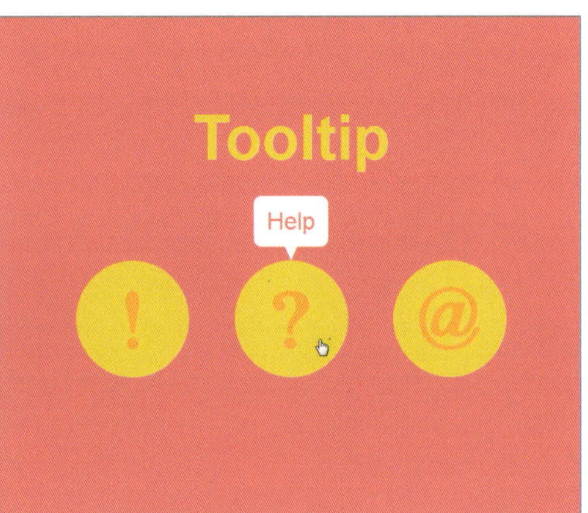

必要な構成

アイコンの上にマウスカーソルを乗せると、フキダシの形でラベルが表示されます。LESSON12の画像キャプションに近いですが、アイコン画像の外側に表示させるために、offset()メソッドを利用します。

	構成	jQuery	JavaScript
1	アイコンにマウスオーバーする	hover()	
2	ツールチップを表示する	append() / html() / children() / attr() / hide() / fadeIn()	
3	ツールチップの位置を調整する	css() / offset() / height() / width()	
4	マウスアウトでツールチップを非表示にする	remove()	

HTMLとCSSの確認

HTML index.html

```
<ul>
  <li><img src="img/icon1.png" width="150" height="150" alt="Information"></li>
  <li><img src="img/icon2.png" width="150" height="150" alt="Help"></li>
  <li><img src="img/icon3.png" width="150" height="150" alt="Contact"></li>
</ul>
```

ツールチップを表示させるアイコンは画像ファイルで作り、li要素で並べています。各img要素のalt属性の値をそのままツールチップのテキストにします。

CSS style.css

```
/* ツールチップ */
#tooltip{
	position:absolute;
	border-radius:10px;
	background:#FFF;
}
```

ツールチップの要素は、body要素内にdiv要素をjQueryで生成することにします。idを付けて#tooltipとして、あらかじめCSSでスタイルだけ定義しておきます。絶対配置のposition:absoluteを設定します。

また、ツールチップの三角形の部分は擬似要素#tooltip:afterとして、borderの特性を利用して作成しています。

CSS style.css

```
/* ツールチップ(三角部分) */
#tooltip:after{
	content:" ";
	width:0px;
	border-top:18px solid #FFF;
	border-left:8px solid transparent;
	border-right:8px solid transparent;
	position:absolute;
	left:50%;
	margin-left:-8px;
}
```

●ツールチップの作成 1：border プロパティの特性を利用した三角形の作成

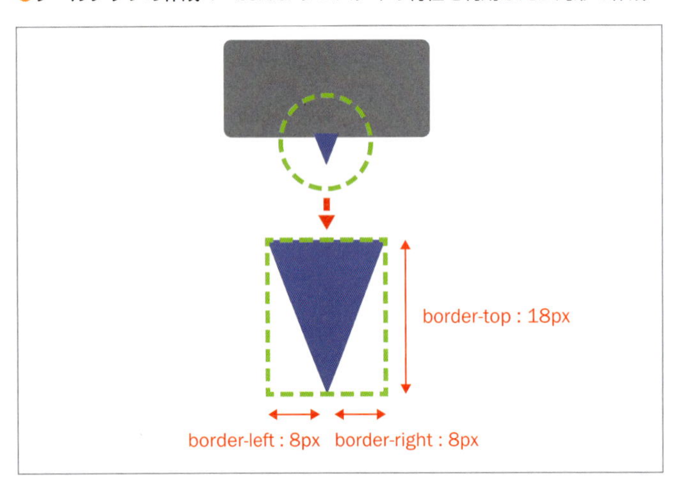

●ツールチップの作成 2：三角形を角丸四角形の中央に配置

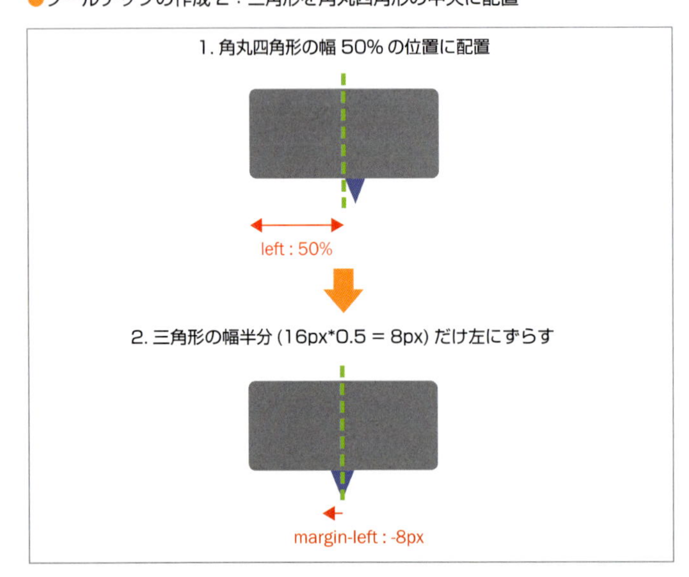

【index.html】

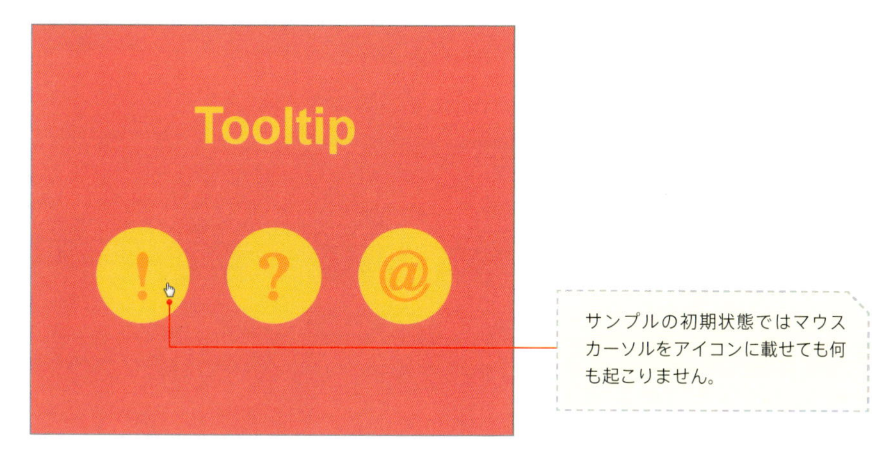
Tooltip
!
?
@
サンプルの初期状態ではマウスカーソルをアイコンに載せても何も起こりません。

実習

制作

1 アイコンにマウスオーバーで実行する

マウスオーバーでの処理は、アイコンのli要素に対してhover()メソッドを使用します。LESSON12と同じようにマウスアウト時の処理も一緒に設定します。

JS script.js

```
$(function(){
	// アイコンをマウスオーバー
	$("li").hover(function(){
		// マウスオーバー時の処理
	}, function(){
		// マウスアウト時の処理
	});
});
```

2 ツールチップを表示する

ツールチップ部分を生成します。最終的な形は以下のようにします。

HTML index.html

```
<div id="tooltip"><p><!-- マウスオーバーした画像のalt属性の値 --></p></div>
```

まずはappend()メソッドを使用して、id属性tooltipつきのdiv要素のタグとその中のp要素のタグを、body要素内の最後に追加します。

JS script.js

```
$(function(){
    // アイコンをマウスオーバー
    $("li").hover(function(){
        // body内の最後に追加
        $("body").append('<div id="tooltip"><p></p></div>');
    }, function(){
        // マウスアウト時の処理
    });
});
```

次に#tooltip内のp要素に、選択されたアイコン画像（img要素）のalt属性の値をhtml()メソッドで追加します。img要素はマウスオーバーの対象になっているli要素の子要素なので、children()メソッドを使用して指定します。

JS script.js

```
$(function(){
    // アイコンをマウスオーバー
    $("li").hover(function(){
        // body内の最後に追加
        $("body").append('<div id="tooltip"><p></p></div>');

        // ツールチップのp要素にアイコンのalt属性の値を追加
        $("#tooltip p").html($(this).children().attr("alt"));
    }, function(){
        // マウスアウト時の処理
    });
});
```

ここまででいったんスクリプトを保存し、ブラウザでアイコンにマウスカーソルを乗せて動作を確認してみましょう。画面左下にツールチップが現れます。

【index.html】

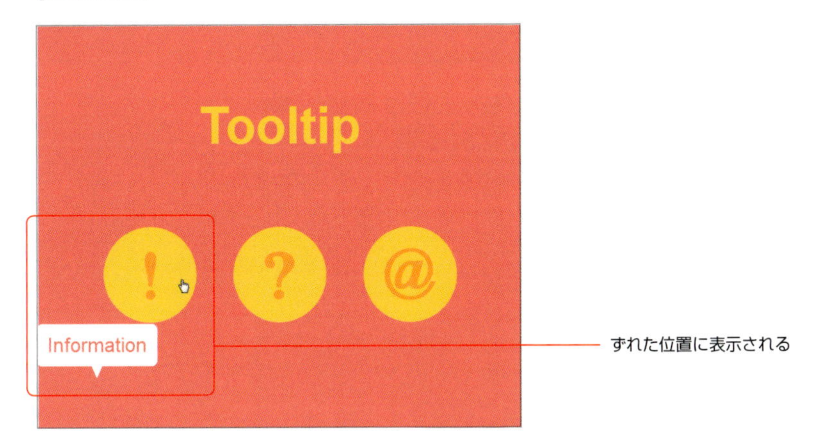

ツールチップはフェードイン表示させることにします。hide() メソッドを使用して非表示にした後、fadeIn() メソッドでフェードイン表示させます。連続でマウスオーバーされた場合を考慮して、stop() メソッドも入れておきます。

JS script.js

```
$(function(){
	// アイコンをマウスオーバー
	$("li").hover(function(){
		// body内の最後に追加
		$("body").append('<div id="tooltip"><p></p></div>');

		// ツールチップのp要素にアイコンのalt属性の値を追加
		$("#tooltip p").html($(this).children().attr("alt"));

		// ツールチップを非表示に
		$("#tooltip").hide();

		// ツールチップをフェードイン
		$("#tooltip").fadeIn();

	}, function(){
		// マウスアウト時の処理
	});
});
```

3 ツールチップの位置を調整する

ここまででツールチップの表示処理の部分はできたので、今度は表示する位置を調整します。

ツールチップの位置は、下図のようにアイコンを基準にして求めます。

縦位置は「アイコンの縦位置 - ツールチップの角丸四角形の高さ - ツールチップの三角形の高さ (18px)」で求めることができます。ツールチップは CSS で絶対配置にしたので、この値が #tooltip の top プロパティになります。

●ツールチップの表示位置（縦）

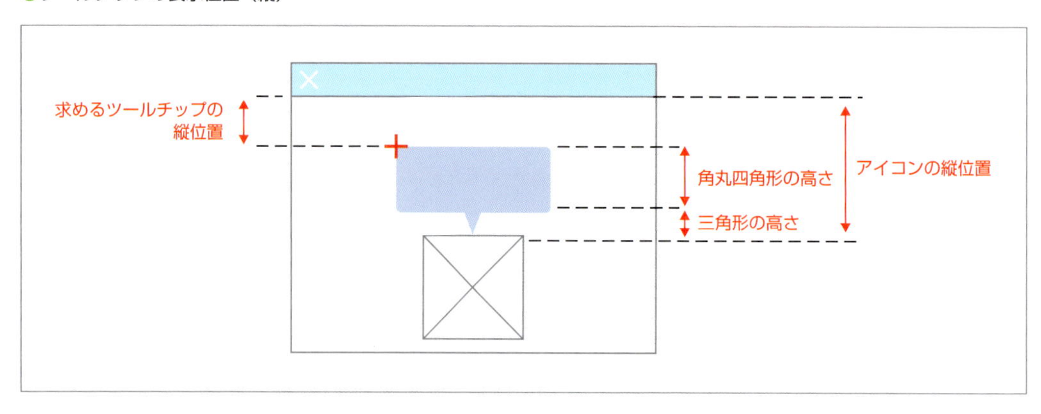

横位置は「アイコンの横位置 - (ツールチップの幅 - アイコンの幅)/2」で求めることができます。#tooltip の left プロパティの値になります。

●ツールチップの表示位置（横）

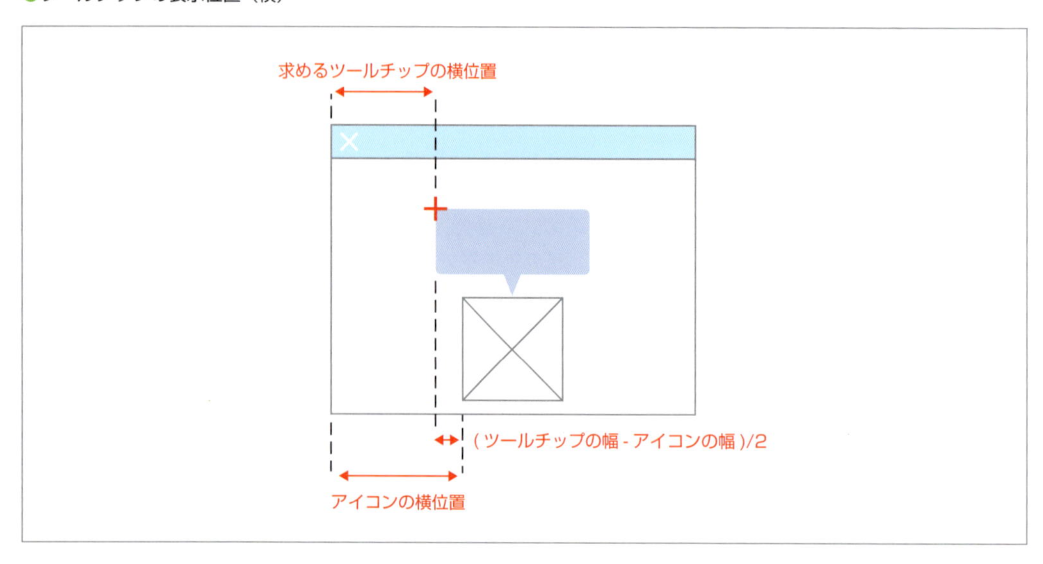

要素の位置を求めるには、offset() メソッドを使用します。縦位置は offset().top、横位置は offset().left で取得することができます。

★覚えよう
offset() メソッド (p.036 参照)

それぞれの値を計算式に当てはめ、css() メソッドを使用して top プロパティと left プロパティの値に設定します。

JS script.js

```
$(function(){
	// アイコンをマウスオーバー
	$("li").hover(function(){
		// body内の最後に追加
		$("body").append('<div id="tooltip"><p></p></div>');

		// ツールチップのp要素にアイコンのalt属性の値を追加
		$("#tooltip p").html($(this).children().attr("alt"));

		// ツールチップを非表示に
		$("#tooltip").hide();

		// ツールチップ縦位置：アイコンの縦位置 - 角丸四角形高さ -
		三角形高さ
		$("#tooltip").css("top", $(this).offset().top -
		$("#tooltip").height() - 18);

		// ツールチップ横位置：アイコンの横位置 - （アイコンの幅 -
		ツールチップの幅） / 2
		$("#tooltip").css("left", $(this).offset().left -
		($("#tooltip").width() - $(this).width())/2);

		// ツールチップをフェードイン
		$("#tooltip").fadeIn();

	}, function(){
		// マウスアウト時の処理
	});
});
```

Memo
ツールチップの位置はフェードイン表示の前に記述します。

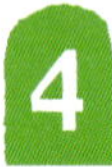

マウスアウトでツールチップを非表示にする

最後に、マウスアウト時にremove()メソッドでアイコンを削除する処理を記述して完成です。

JS script.js

```
$(function(){
    // アイコンをマウスオーバー
    $("li").hover(function(){
        /* 省略 */
    }, function(){
        // ツールチップを削除
        $("#tooltip").remove();
    });
});
```

【index.html】

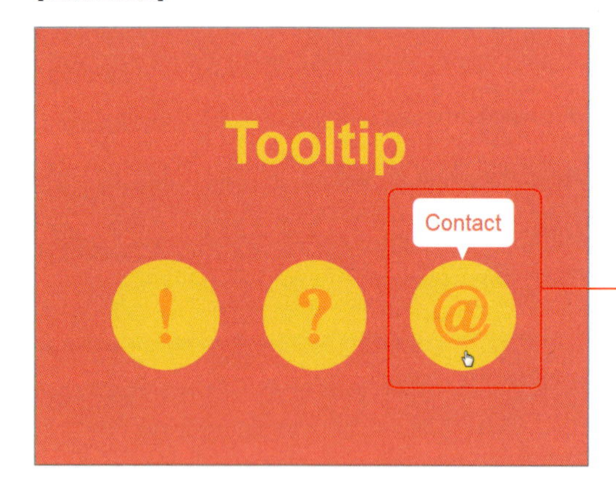

マウスオーバー / アウトでツールチップの表示が切り替わります。

POINT

- offset() メソッドを使って特定の要素の位置を取得する
- css() メソッドでプロパティの値を変更する

Chapter 05

jQueryのサンプル制作：Level 3

ここからは、JavaScriptのif文なども組み合わせた構成のサンプルパーツを作っていきます。ソースコードも長くなって徐々に複雑になりますが、手順を追って1つずつ確認しながら進めていきましょう。

jQueryのサンプル制作：Level 3

要素の高さを揃える

floatで横並びにしたコラムなど、高さが一様でない要素の高さを揃えます。ブログの記事一覧ページなどに使うと見た目が整って便利でしょう。

制作準備

完成形の家訓

高さが不揃いな各要素を、一番大きい要素に合わせて高さを揃えます。

必要な構成

各要素の高さを揃えるには、高さが一番大きい要素に合わせて、CSSのheightプロパティを同一の値にすることで実現できます。しかし、要素の高さがあらかじめ決まっていない場合には、CSSで過不足なく高さを定義しておくことは難しくなります。

そこで、jQueryを使って要素の高さを比較・取得し、CSSのheightプロパティの値に反映することで、各要素の高さを揃えることにします。比較するためには、JavaScriptのif文を使います。

	構成	jQuery	JavaScript
1	要素の高さを比較して最大サイズを取得する	each() / height()	if文
2	取得した最大サイズを全ての要素の高さに適用する	css()	

HTMLの確認

HTML index.html

```
<main>
  <div>
    <img src="img/img1.jpg" width="199" height="290" alt="Photo">
    <p>Excepteur sint occaecat cupidatat non proident, sunt in culpa qui
    officia deserunt mollit anim id est laborum.</p>
  </div>
  <div><!-- 省略 --></div>
  <div><!-- 省略 --></div>
  <div><!-- 省略 --></div>
  <div><!-- 省略 --></div>
</main>
```

main要素内に、5つのdiv要素が入っています。各div要素はCSSでfloatレイアウトにしていますが、それぞれ画像サイズやテキスト量が異なるため、高さがバラバラで下端が不揃いになってしまっています。これらの高さを揃えたいと思います。

【index.html】

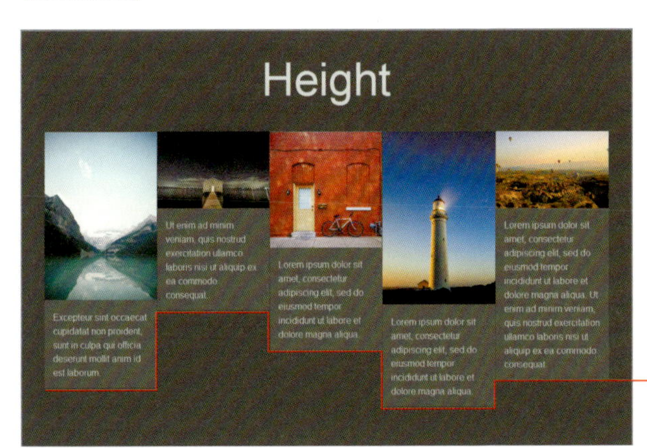

高さが揃わない

実習 制作

1 各要素の高さを比較して最大サイズを取得する

全ての要素のうち一番大きい要素に全ての高さを合わせます。
まずは各要素の高さを代入するための変数 h を、スクリプトの最初に用意しておきます。初期値は 0 です。

★覚えよう
変数 (p.052 参照)

JS script.js

```
$(function(){
	// 高さの最大値を代入するための変数h
	var h = 0;
});
```

続いて要素の高さを順に調べます。対象となるセレクタは main 要素内の div 要素（"main div"）です。複数ある要素それぞれについて調べるために each() メソッドを使い、その中で height() メソッドを使用して高さを取得します。

★覚えよう
each() メソッド (p.051 参照)

JS script.js

```
$(function(){
	// 高さの最大値を代入するための変数h
	var h = 0;

	// それぞれの要素の高さを調べる
	$("main div").each(function(){
		// 要素の高さを取得
		$(this).height();
	});
});
```

ここで if 文を使用して、height() メソッドで取得した高さの値を変数 h の値と比較します。高さの値が変数 h よりも大きい場合は、その値を新たな変数 h の値として代入します。
if 文は each() メソッドの中にあるので、それぞれの要素について順番に比較が行われます。これによって、最終的に高さの最大値が変数 h の値として残ることになります。

★覚えよう
if 文 (p.062 参照)

JS script.js

```
$(function(){
	// 最大高さを代入するための変数h
	var h = 0;

	// それぞれの要素の高さを調べる
	$("main div").each(function(){
		// 要素の高さと変数hの値を比較し、大きい方を変数hに代入
		if($(this).height() > h){
			h = $(this).height();
		}
	});
});
```

●高さの最大値を取得する仕組み

【例】
変数 h の初期値：0
1 つ目の main div の高さ：240px
2 つ目の main div の高さ：120px
3 つ目の main div の高さ：300px

if 文による判定：

$("main div").height() > h ➡ h = $(this).height();
1 つ目：240 > 0 ➡ 変数 h に代入：h = 240
2 つ目：120 > 240 ➡ 変数 h はそのまま：h = 240
3 つ目：300 > 240 ➡ 変数 h に代入：h = 300

each() メソッドで順番に処理される

結果として高さの最大値が変数 h に代入される

2 取得した最大サイズを全ての要素の高さに適用する

全ての要素の高さを、変数 h の値（一番大きい高さ）に変更します。css() メソッドを使用して、"main div" の height プロパティの値を指定することによって、高さを一括で変更できます。

Caution
変数 h に代入されているのは数値のみです。単位の「+ "px"」を付けるのを忘れないようにしてください。

JS script.js

```
$(function(){
    // 最大高さを代入するための変数h
    var h = 0;

    // それぞれの要素の高さを調べる
    $("main div").each(function(){
        // 要素の高さと変数hの値を比較し、大きい方を変数hに代入
        if($(this).height() > h){
            h = $(this).height();
        }
    });

    // 要素の高さを変数hの値に統一
    $("main div").css("height", h + "px");
});
```

【index.html】

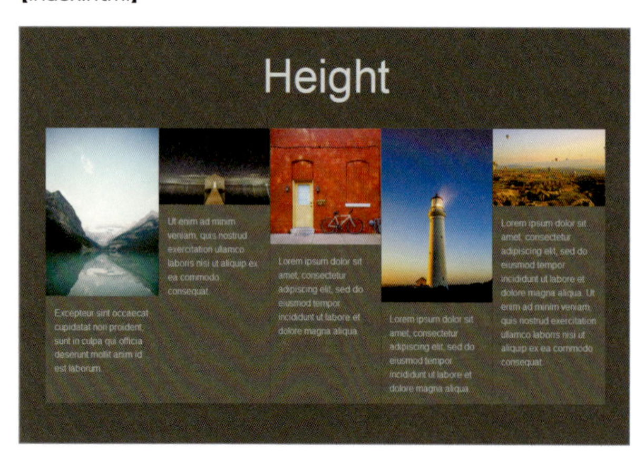

全ての高さが揃えば完成です。

POINT

- each() メソッドで各要素を順番に処理する
- if 文と変数を使って高さを比較し、最大値を取得する
- CSS プロパティの値の変更に変数を用いる

Chapter 05
LESSON 15

jQueryのサンプル制作：Level 3

文字サイズの変更

アイコンクリックでページ全体の文字サイズを切り替えることができるインターフェイスを作成します。

chapter05 ▶ lesson15

講義 制作準備

完成形の確認

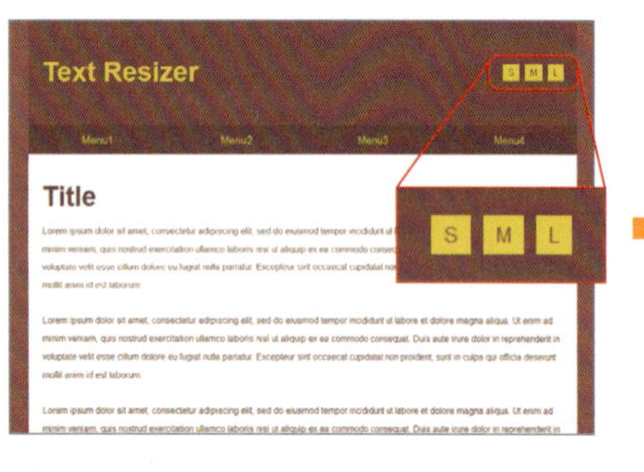

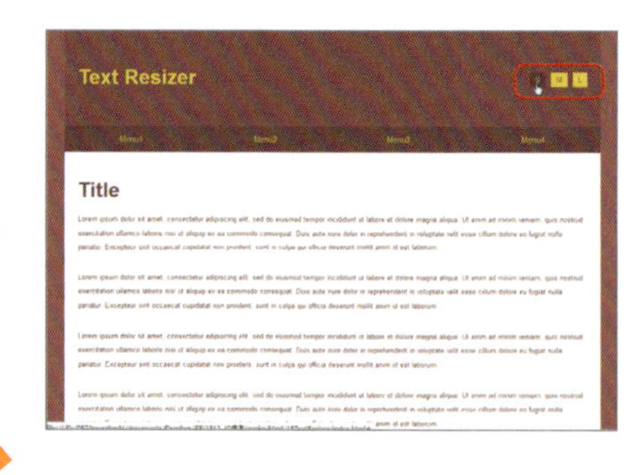

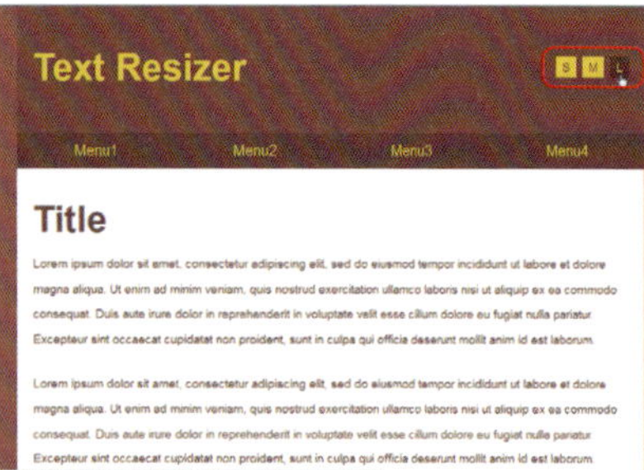

右上のボタンをクリックして、ページ全体の文字サイズを変更することができるページです。

必要な構成

ボタンをクリックしたときに処理を行うためにはclick()メソッドを用います。

各種文字サイズはCSSでクラスとしてスタイルを定義しているので、ページの文字サイズを変更するにはこのクラスをページ全体の要素（body要素）に適用すればよいことになります。その際、どのボタンがクリックされたか判定するために、if文による条件分岐を使用します。

	構成	jQuery	JavaScript
1	ボタンで文字サイズを選択する	click()	
2	文字サイズを変更する	html() / addClass() / removeClass()	if文

HTMLとCSSの確認

HTML index.html

```
<header>
  <h1>Text Resizer</h1>
  <ul>
      <li><a href="#">S</a></li>
      <li><a href="#">M</a></li>
      <li><a href="#">L</a></li>
  </ul>
</header>
```

切り替え用ボタンはli要素でマークアップして、ヌルリンク（#）のa要素を付加しています。文字サイズは「S」「M」「L」の3種類を用意します。

CSSでは、3種類の文字サイズに対応するクラスをあらかじめ用意しておきます。

CSS style.css

```
/* 文字サイズ小 */
.fontSmall{
     font-size:.8em;
}

/* 文字サイズ中 */
.fontMedium{
     font-size:1em;
}

/* 文字サイズ大 */
.fontLarge{
     font-size:1.2em;
}
```

【index.html】

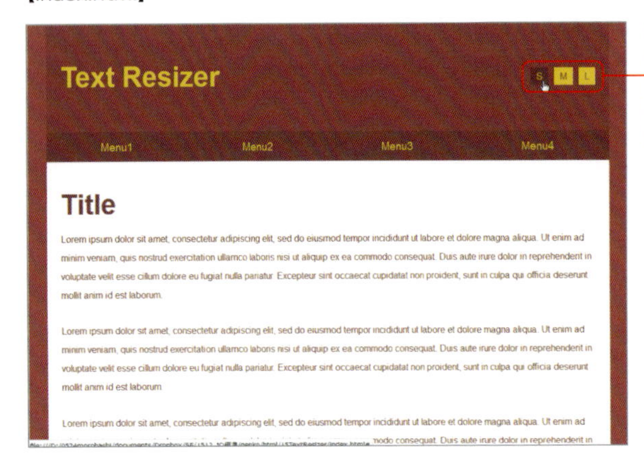

制作開始前の状態では、ボタンをクリックしても何も起きません。

実習 制作

1 ボタンで文字サイズを選択する

ボタンのクリックで処理を開始させるため、ボタンの a 要素に click() メソッドを使用します。

JS script.js

```
$(function(){
	// ボタンをクリック
	$("header a").click(function(){
		// クリック時の処理

		return false;
	});
});
```

2 文字サイズを変更する

ボタンの a 要素は 3 つあるので、どのボタンがクリックされたか判定して処理を分ける必要があります。

ここでは html() メソッドを使用して、クリックされた要素のテキスト内容（「S」「M」「L」のいずれか）を取得することで判断します。取得した値は変数 size に代入しておきます。

JS script.js

```
$(function(){
    // ボタンをクリック
    $("header a").click(function(){
        // 選択した要素のテキスト内容を取得
        var size = $(this).html();

        return false;
    });
});
```

変数 size の値を条件文に利用して、if 文で条件分岐を行います。

JS script.js

```
$(function(){
    // ボタンをクリック
    $("header a").click(function(){
        // 選択した要素のテキスト内容を取得
        var size = $(this).html();

        if(size == "S"){
            // sizeの値が"S"の場合
        }else if(size == "M"){
            // sizeの値が"M"の場合
        }else{
            // その他：sizeの値が"L"の場合
        }

        return false;
    });
});
```

条件文は、変数 size がボタンのテキストと一致するかで判定しますので、「size == "S"」のように比較演算子「==」でつなぎます。最初に「S」を判定し、一致しなければ else if 文で「M」を判定し、いずれにも一致しない場合（else）は「L」であるとみなす、という構成です。

条件分岐ごとに、事前に準備しておいた文字サイズに関するクラス「fontSmall」「fontMedium」「fontLarge」を追加する処理を記述します。クラスの追加にはaddClass()メソッドを使用します。今回はページ上の文字サイズ全てを変更するので、追加対象のセレクタはbody要素にします。

JS script.js

```
$(function(){
	// ボタンをクリック
	$("header a").click(function(){
		// 選択した要素のテキスト内容を取得
		var size = $(this).html();

		if(size == "S"){
				// body要素に.fontSmallを追加
				$("body").addClass("fontSmall");
		}else if(size == "M"){
				// body要素に.fontMediumを追加
				$("body").addClass("fontMedium");
		}else{
				// body要素に.fontLargeを追加
				$("body").addClass("fontLarge");
		}

		return false;
	});
});
```

これで文字サイズは変更されるようになりましたが、現時点ではボタンを押すたびにbody要素に次々とクラスが追加されてしまいます。そこでremoveClass()メソッドを使用して、body要素にクラスが付いている場合にはボタンクリック時にクラスを全て消去してから、新しいクラスが追加されるようにします。

JS script.js

```
$(function(){
	// ボタンをクリック
	$("header a").click(function(){
		// body要素にクラスが付いていれば削除
		$("body").removeClass();

		// 選択した要素のテキスト内容を取得
		var size = $(this).html();

		if(size == "S"){
				// body要素に.fontSmallを追加
				$("body").addClass("fontSmall");
		}else if(size == "M"){
				// body要素に.fontMediumを追加
				$("body").addClass("fontMedium");
```

```
        }else{
                // body要素に.fontLargeを追加
                $("body").addClass("fontLarge");
        }

        return false;
    });
});
```

ブラウザでボタンをクリックして確認してみましょう。

【index.html】

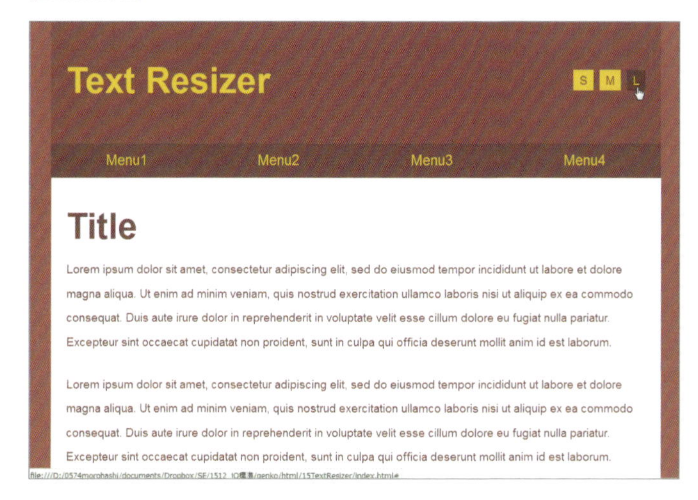

3種類の文字サイズに切り替えることができるようになれば完成です。

POINT

- ボタンのテキストを条件文に用いて、if文でクリックされたボタンの判定を行う
- CSSであらかじめ定義しておいた文字サイズのクラスを、addClass()メソッドで追加する
- ボタン切り替えの際は、前に追加されたクラスをremoveClass()で削除しておく

jQueryのサンプル制作：Level 3

パララックス効果

背景画像を重層的にずらして動かすことで、視差（パララックス）のあるようなアニメーション効果を実現します。

制作準備

完成形と基本構成

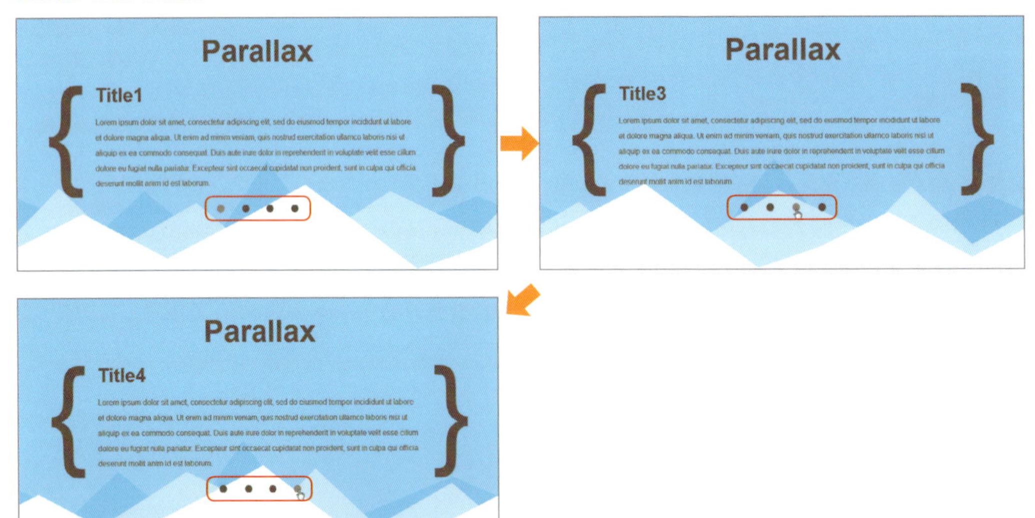

下部に並んだ○ボタンをクリックすると、コンテンツが横にアニメーションでスライドして切り替わります。その際、三重になった背景画像はそれぞれ異なる幅でずれてスライドします。これによって奥行きのあるアニメーション表現になります。

HTMLとCSSの確認

HTMLの確認

HTML index.html

```
<body>
<div id="bg1">
  <div id="bg2">
    <header>
      <h1>Parallax</h1>
    </header>
    <main>
      <div id="slide">
        <div id="sections">
          <section><!-- Section1の内容 --></section>
          <section><!-- Section2の内容 --></section>
          <section><!-- Section3の内容 --></section>
          <section><!-- Section4の内容 --></section>
        </div>
      </div>
      <ul>
        <li><a href="#" class="current">1</a></li>
        <li><a href="#">2</a></li>
        <li><a href="#">3</a></li>
        <li><a href="#">4</a></li>
      </ul>
    </main>
  </div>
</div>
</body>
```

スライドさせるコンテンツ部分は、ID属性にslideが指定されたdiv要素です。切り替え用のボタンは、li要素・a要素としてマークアップし、それぞれに1から4までの数字を入れておきます。

現在表示中のコンテンツに対応しているボタンは色を変えるため、currentクラスを付加します。

また、ページ全体を包んでいるbody、#bg1、#bg2が三重の背景に該当します。

▶ CSS の確認

body、#bg1、#bg2 には異なる背景画像を設定し、さらに transition プロパティを設定しています。

CSS style.css

```
/* 3枚の背景画像部分 */

body{
	font-family:Arial, sans-serif;
	-webkit-font-smoothing:antialiased;
	color:#664949;
	background:#6CD8FF url(../img/bg.png) 0 100% repeat-x;
	transition:background .3s;
}

#bg1{
	height:100%;
	background:url(../img/bg1.png) 0 100% repeat-x;
	transition:background .3s;
}

#bg2{
	height:100%;
	background:url(../img/bg2.png) 0 100% repeat-x;
	stransition:background .3s;
}
```

● body と #bg1、#bg2 の背景画像

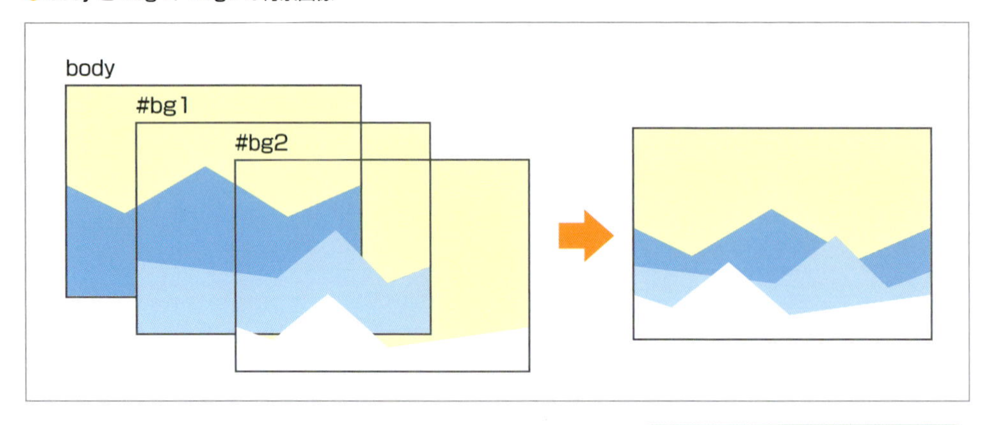

Memo

transition プロパティは IE10 以降の対応です。
それ以前の IE に関しては、p.290 の補講で、プラグインと animate() メソッドを使用した別の方法を紹介しています。参考にしてみてください。

スライドするコンテンツ部分である #slide は幅 700px で、position:relative を設定しています。その子要素の #sections は幅 2800px で、position:absolute を設定して #slide の左上を基準にした位置設定ができるようにしておきます。

テキストが入っている 4 つの section 要素は float:left で横並びになっていますが、#slide に overflow:hidden が設定されているため、幅 700px からはみ出たテキストは画面には表示されません。

CSS style.css

```
/* スライド部分 */
#slide{
	position:relative;
	overflow:hidden;
	display:block;
	width:700px;
	height:250px;
	margin:0 auto;
}

#sections{
	position:absolute;
	width:2800px;
	height:100%;
}

section{
	float:left;
	width:700px;
}
```

● #slide と #sections、section 要素の配置関係

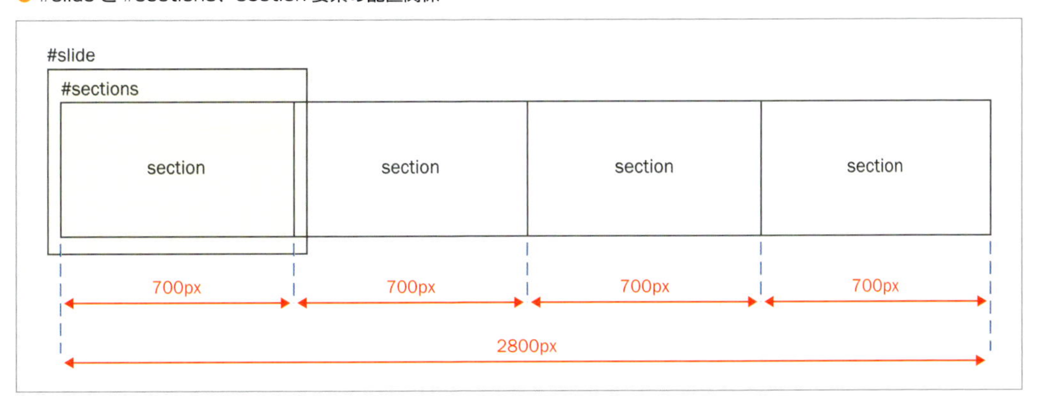

ボタン部分のテキストには番号が入っていますが、text-indent プロパティを使用して表示されないようにしています。

CSS style.css

```
/* ボタン部分 */
li a{
	text-indent:-9999px;
	display:block;
	width:16px;
	height:16px;
	border-radius:8px;
	background:#664949;
}
```

【index.html】

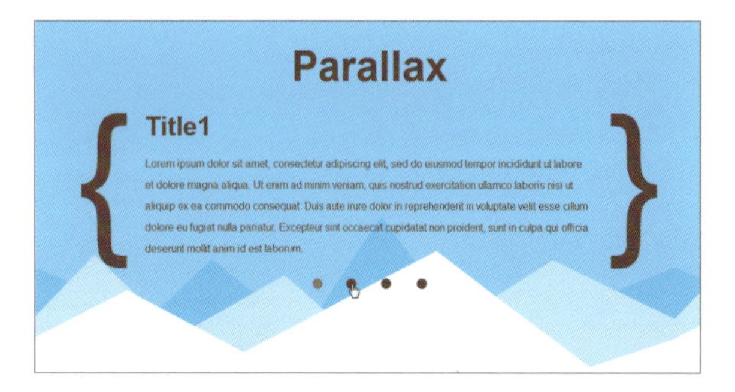

必要な構成

外観はすでに HTML と CSS で完成していますので、jQuery ではボタンのクリックとスライドアニメーションを組み込みます。ボタンのクリック、コンテンツの移動、背景の移動、クリックされたボタンのスタイル変更の 4 段階の処理が必要です。

	構成	jQuery	JavaScript
1	ボタンをクリックしてコンテンツを選択する	click() / html()	
2	コンテンツの移動	animate()	
3	背景画像の移動	css()	
4	ボタンのスタイルを変更する	removeClass() / addClass()	

実習 パララックスアニメーションの制作

1 ボタンをクリックしてコンテンツを選択する

ボタンにclick()メソッドを使用し、クリック時にテキストの内容（1番目のボタンであれば「1」）を取得するようにします。テキスト内容の取得にはhtml()メソッドを使用します。

取得した数字は変数disに代入しておき、後でコンテンツの表示および背景画像の位置計算に利用します。

JS script.js

```
$(function() {
    // ボタンをクリック
    $("a").click(function(){
        // テキスト内容を取得
        var dis = $(this).html();

        return false;
    });
});
```

2 コンテンツを移動する

スライドアニメーション処理を記述していきます。

まずはコンテンツ部分の#sectionsを、クリックしたボタンに対応する内容が表示される位置まで移動させます。先に確認したようにコンテンツの幅は700pxですので、選択されたコンテンツが1番目の場合は位置の移動は0、2番目の場合は-700px、3番目の場合は-1400px…と-700の倍数で移動量が変わります。

Memo 左へ移動するのでマイナスがつきます。

```
// 1番目のコンテンツまで移動
移動量：0

// 2番目のコンテンツまで移動
移動量：-700

// 3番目のコンテンツまで移動
移動量：-1400

// 4番目のコンテンツまで移動
移動量：-2100
```

ボタンの番号を使用して移動量を導くには、次のような計算式で考えることができます。

```
// ○番目のコンテンツまで移動
移動量：（ボタン番号 -1） × -700
```

これをスクリプトにしてみましょう。

JS script.js

```
$(function() {
	// ボタンをクリック
	$("a").click(function(){
		// テキスト内容を取得
		var dis = $(this).html() -1;

		// コンテンツ位置までのアニメーション
		$("#sections").animate({"left" : dis * -700 + "px"}, 300);

		return false;
	});
});
```

ボタン番号から -1 したものを変数 dis に代入しました。

コンテンツの移動は animate() メソッドを使用し、left プロパティの値を -700px の位置までアニメーションさせます。

選択したコンテンツまで移動できるか確認してみましょう。

【index.html】

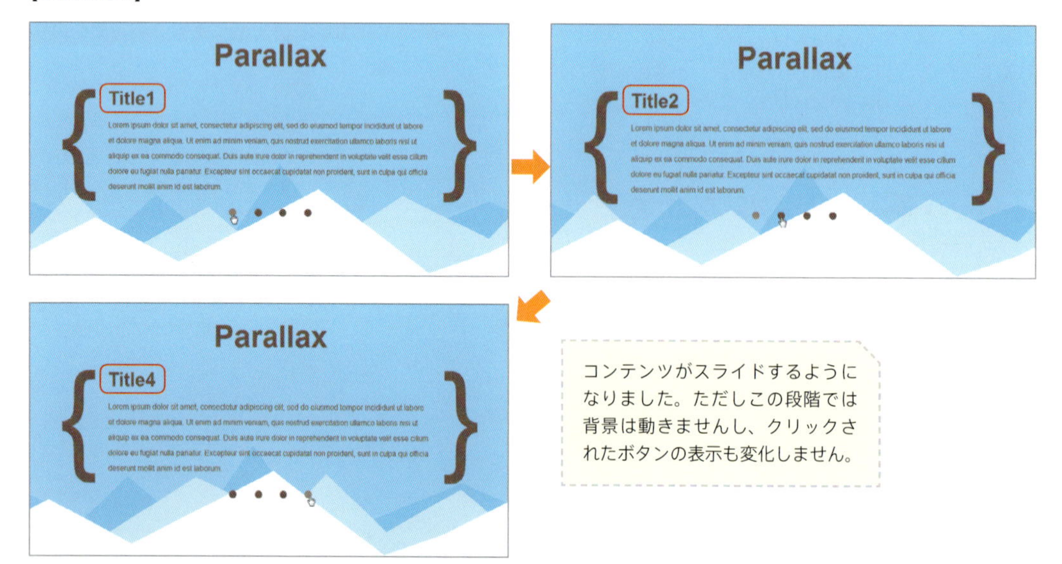

3 背景画像を移動する

続いて3枚の背景画像を移動させます。

実はjQueryのanimate()メソッドでは、背景画像を動かすことができません。そこで背景画像は、css()メソッドで移動先の位置だけを指定し、アニメーション処理自体は事前に設定しておいたCSSのtransitionプロパティにて行うことにします。

JS script.js

```
$(function() {
	// ボタンをクリック
	$("a").click(function(){
		// テキスト内容を取得
		var dis = $(this).html() -1;

		// コンテンツ位置までのアニメーション
		$("#sections").animate({"left" : dis * -700 + "px"}, 300);

		// 背景画像のアニメーション
		$("body").css("background-position", dis * -20 + "px 100%");
		$("#bg1").css("background-position", dis * -150 + "px 100%");
		$("#bg2").css("background-position", dis * -700 + "px 100%");

		return false;
	});
});
```

それぞれの移動量に変化をつけてずらし、手前の背景は大きく、奥は小さく動くように設定しています。

コンテンツの移動に合わせて、3つの背景も移動するようになりました。数値を変更することでそれぞれの移動量を調整できますので、試してみてください。

【index.html】

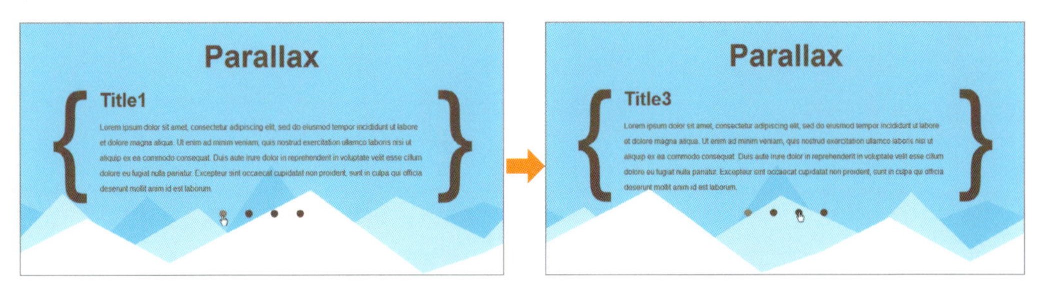

4 ボタンのスタイルを変更する

最後に、表示中のコンテンツに合わせてボタンのスタイルを変更します。現在ついている .current クラスを削除して、選択したボタンに追加し直します。

JS script.js

```
$(function() {
	// ボタンをクリック
	$("a").click(function(){
		// テキスト内容を取得
		var dis = $(this).html() -1;

		// コンテンツ位置までのアニメーション
		$("#sections").animate({"left" : dis * -700 + "px"}, 300);

		// 背景画像のアニメーション
		$("body").css("background-position", dis * -20 + "px 100%");
		$("#bg1").css("background-position", dis * -150 + "px 100%");
		$("#bg2").css("background-position", dis * -700 + "px 100%");

		// ボタンのスタイル変更
		$(".current").removeClass("current");
		$(this).addClass("current");

		return false;
	});
});
```

【index.html】

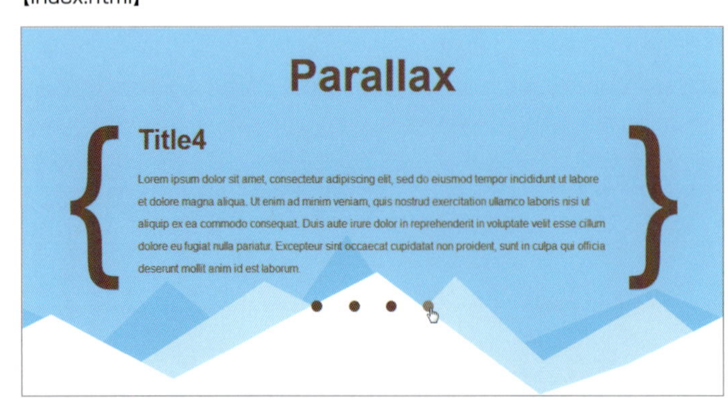

POINT

- クリックされるボタンに番号をつけて変数として利用し、計算式で移動量を求める
- 背景画像のアニメーション処理は CSS の transition プロパティで行う
- クラスの削除／追加で、クリックされたボタンの強調を切り替える

jQueryのサンプル制作：Level 3

フィルタリング

絞り込み項目のボタンをクリックすると、その条件を満たす要素だけが抽出表示されるフィルタリング機能を実装します。商品一覧ページなどで活用できるでしょう。

サンプルファイルはこちら 

制作準備

完成形の確認

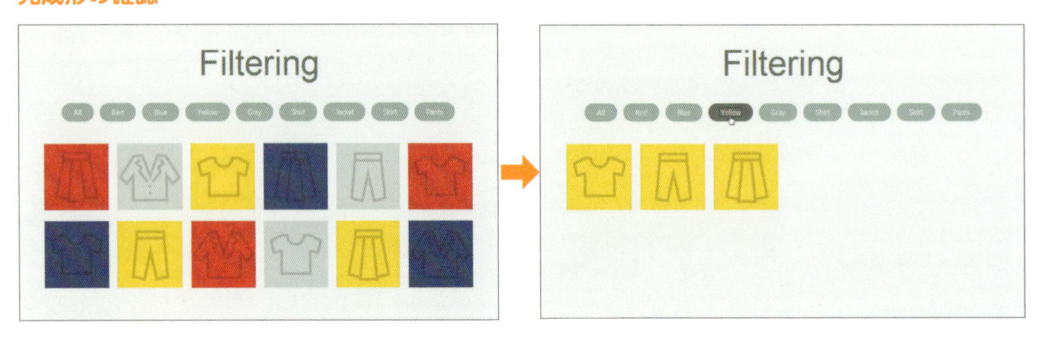

特定の条件をボタンに設定し、その条件にマッチする要素に絞って（フィルタリングして）表示できるインターフェイスです。

必要な構成

条件が設定されたボタンをクリックすると、それにマッチする要素が非表示になるという仕組みです。ボタンクリックでフィルタリングの条件を特定すること、クリックされた条件と要素のマッチを判定して、表示を変更することが必要になります。

	機能	メソッド
1	フィルタリングの条件を特定する	click() / attr()
2	条件を満たす要素のスタイルを変更する	each() / animate() / hide() / hasClass() / show()

HTMLの確認

HTML index.html

```
<div id="buttons">
  <button value="all">All</button>
  <button value="red">Red</button>
  <button value="blue">Blue</button>
  <button value="yellow">Yellow</button>
  <!-- 省略 -->
</div>
<ul>
  <li class="red skirt"><img src="img/skirt.png" width="150" height="150"
  alt="item1"></li>
  <li class="gray jacket"><img src="img/jacket.png" width="150" height="150"
  alt="item2"></li>
  <li class="yellow shirt"><img src="img/shirt.png" width="150" height="150"
  alt="item3"></li>
  <li class="blue skirt"><img src="img/skirt.png" width="150" height="150"
  alt="item4"></li>
  <!-- 省略 -->
</ul>
```

クリックされるbutton要素のvalue属性に「red」「blue」などの値を設定しておきます。

フィルタリングの対象になるのはli要素です。各li要素にはクラスを設定しておき、例えば1番目のli要素（赤いスカート）は、「red」と「skirt」というクラスを持たせます。

【index.html】

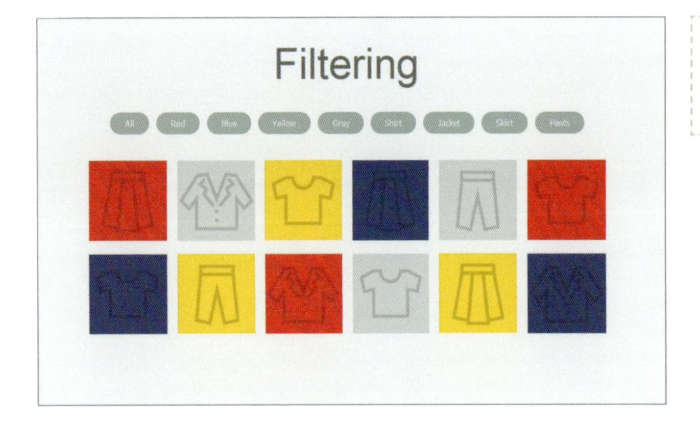

li に表示する画像には、クラスごとに CSS で背景色を設定しています。

実習 フィルタリング機能の制作

1 フィルタリングの条件を特定する

click() メソッドと attr() メソッドを使用して、クリックされた button 要素の value 属性を取得します。value 属性の値は変数 target に代入しておきます。この変数 target がフィルタリングの条件になります。

JS script.js

```
$(function(){
    // ボタンを選択
    $("button").click(function(){
        // value属性の値を取得
        var target = $(this).attr("value");
    });
});
```

2 条件を満たす要素のスタイルを変更する

条件を満たしているかどうかの判定は、each() メソッドを使用して全ての li 要素を調べることで実現します。

まずは全要素を非表示にします。単純に hide() メソッドを使ってもいいですが、ここでは少し見栄えを工夫して、animate() メソッドと組み合わせてアニメーションで不透明度 opacity プロパティを 0 にしてから、あらためて hide() メソッドで非表示にしましょう。

JS script.js

```
$(function(){
    // ボタンを選択
    $("button").click(function(){
        // value属性の値を取得
        var target = $(this).attr("value");

        // 全てのli要素を調べる
        $("#list li").each(function(){
            // 一度全て非表示にする
            $(this).animate({"opacity": 0}, 300, function(){
                $(this).hide();
            });
        });
    });
})
```

【index.html】

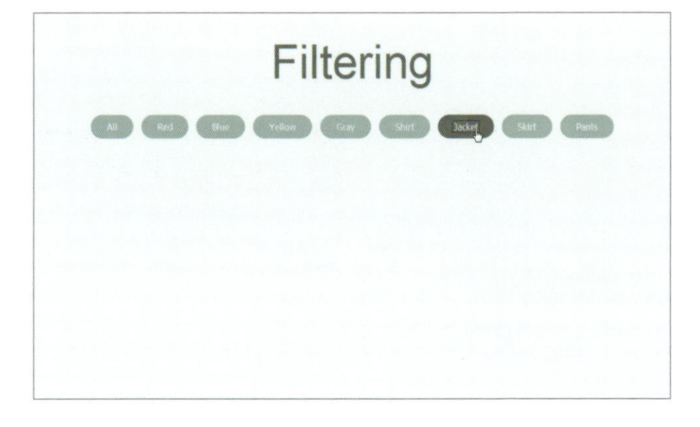

非表示にできたら、条件を満たすものだけを再表示させる処理を行います。条件は「変数targetと同じ値をクラスに持っている」ことです。クラスを持っているかどうかの判定は、hasClass()メソッドで行うことができます。

★覚えよう
hasClass()メソッド(p.034参照)

JS script.js

```
$(function(){
	// ボタンを選択
	$("button").click(function(){
		// value属性の値を取得
		var target = $(this).attr("value");

		// 全てのli要素を調べる
		$("#list li").each(function(){
			// 一度全て非表示にする
			$(this).animate({"opacity": 0}, 300, function(){
				$(this).hide();

				// フィルタリングの条件を満たしているか
				if($(this).hasClass(target) || target == "all"){
					// 条件を満たしている場合は再表示
					$(this).show();
					$(this).animate({"opacity" : 1}, 300);
				}
			});
		});
	});
})
```

「hasClass(target)」を条件文として、if文にして表示処理を記述します。表示にはshow()メソッドを使って、非表示の逆の処理を行います。

また、元に戻すボタンも設けたいので、targetが「all」の場合に限り全要素を表示させるようにします。条件文に論理演算子OR（||）を追加し、「target=="all"」の場合も表示処理を行うようにします

【index.html】

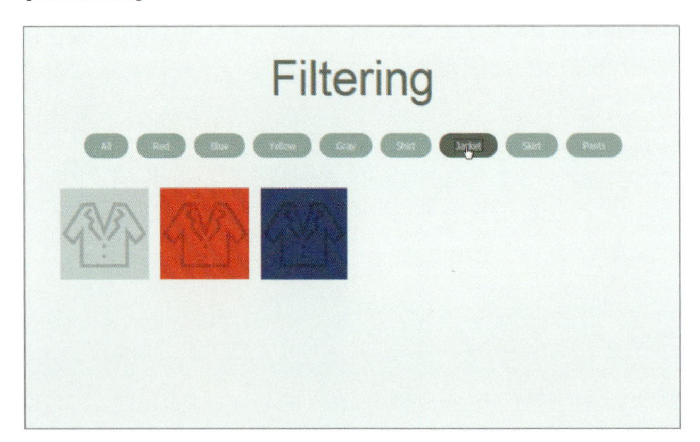

ボタンを選択して、正しくフィルタリングされるようになれば完成です。

POINT

- button 要素の value 属性をフィルタリング条件として利用する
- hasClass() メソッドを使用して、class 属性の合致を判定する
- 要素を全て非表示にしてから、マッチするものだけを再表示する

jQueryのサンプル制作：Level 3

テーブルセルのハイライト

マウスカーソルを重ねると同行同列のセルがハイライト表示されるテーブルを作成します。データを見やすくする工夫の1つです。

サンプルファイルはこちら 

講義 制作準備

完成形の確認

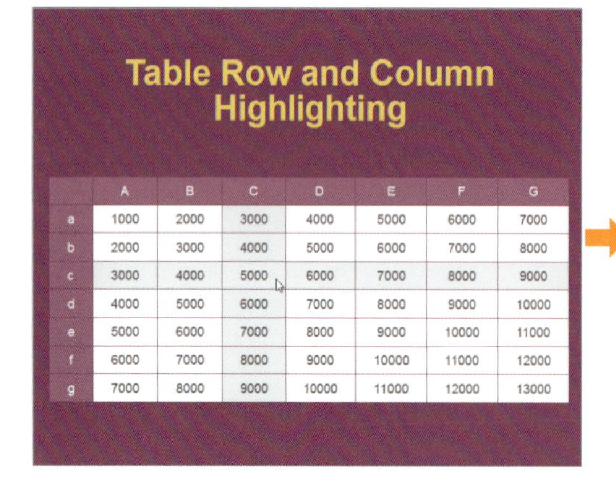

	A	B	C	D	E	F	G
a	1000	2000	3000	4000	5000	6000	7000
b	2000	3000	4000	5000	6000	7000	8000
c	3000	4000	5000	6000	7000	8000	9000
d	4000	5000	6000	7000	8000	9000	10000
e	5000	6000	7000	8000	9000	10000	11000
f	6000	7000	8000	9000	10000	11000	12000
g	7000	8000	9000	10000	11000	12000	13000

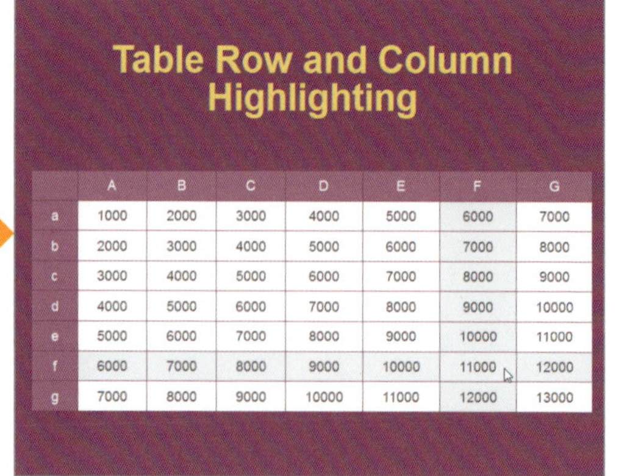

	A	B	C	D	E	F	G
a	1000	2000	3000	4000	5000	6000	7000
b	2000	3000	4000	5000	6000	7000	8000
c	3000	4000	5000	6000	7000	8000	9000
d	4000	5000	6000	7000	8000	9000	10000
e	5000	6000	7000	8000	9000	10000	11000
f	6000	7000	8000	9000	10000	11000	12000
g	7000	8000	9000	10000	11000	12000	13000

マウスカーソルが乗ったセルのある行と列の色が変わり、ハイライト表示されます。カーソルを動かすとハイライトの列と行も追従します。

必要な構成

マウスオーバーでの処理を開始し、行のスタイル変更、列のスタイル変更の順で処理を行います。また、マウスアウト時にハイライトを元に戻す処理も必要です。

	構成	jQuery	JavaScript
1	セルにマウスオーバーする	hover()	
2	同行のセルのスタイルを変更する	parent() / addClass()	
3	同列のセルのスタイルを変更する	index() / addClass()	
4	マウスアウトでセルの色を元に戻す	removeClass()	

HTMLとCSSの確認

HTMLは通常のtable関連要素でマークアップしています。

HTML index.html

```
<table>
  <tr>
    <th> </th>
    <th>A</th>
    <th>B</th>
    <th>C</th>
    <th>D</th>
    <th>E</th>
    <th>F</th>
    <th>G</th>
  </tr>
  <tr>
    <th>a</th>
    <td>1000</td>
    <td>2000</td>
    <td>3000</td>
    <td>4000</td>
    <td>5000</td>
    <td>6000</td>
    <td>7000</td>
  </tr>
  <!-- 省略 -->
</table>
```

CSSでは、マウスオーバー時に色を変えるための.targetクラスをあらかじめ用意しておきます。.targetは、選択したセルが属するtr要素と、セルと同列のtd要素に追加します。

CSS style.css

```css
/* セルのハイライト用 */
.target td, td.target{
    background:#E8E8E8;
}
```

●ハイライト用の target クラスを追加

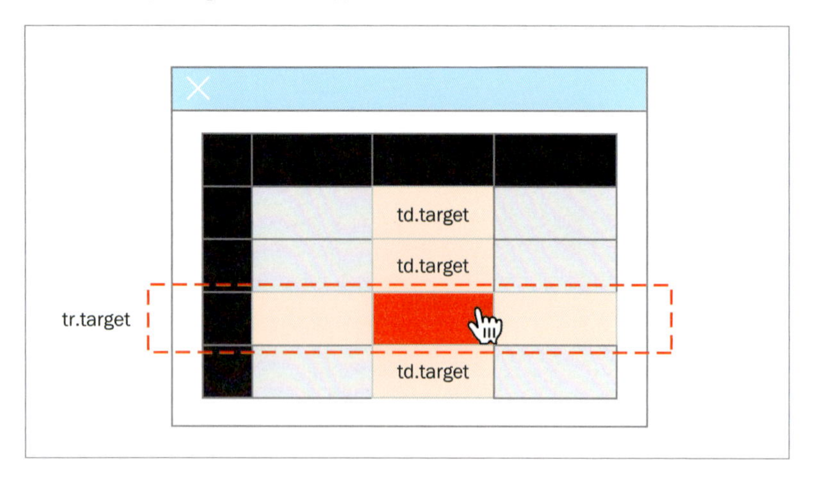

【index.html】

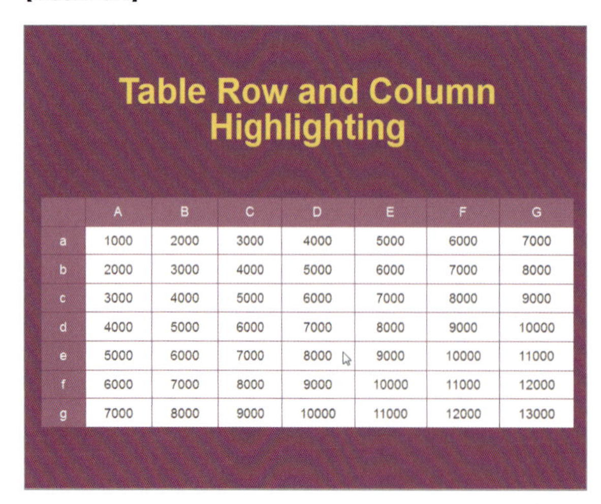

	A	B	C	D	E	F	G
a	1000	2000	3000	4000	5000	6000	7000
b	2000	3000	4000	5000	6000	7000	8000
c	3000	4000	5000	6000	7000	8000	9000
d	4000	5000	6000	7000	8000	9000	10000
e	5000	6000	7000	8000	9000	10000	11000
f	6000	7000	8000	9000	10000	11000	12000
g	7000	8000	9000	10000	11000	12000	13000

実習 ハイライトの制作

1 セルにマウスオーバーで実行する

テーブルのセル（td 要素）に対してマウスオーバー処理のための hover() メソッドを使用します。

JS script.js

```
$(function(){
	// セルをマウスオーバー
	$("td").hover(function(){
		// マウスオーバー時の処理
	}, function(){
		// マウスアウト時の処理
	});
});
```

2 同行のセルのスタイルを変更する

テーブルの行（tr 要素）に、あらかじめ CSS で定義しておいた target クラスを addClass() メソッドで指定して、行ごとスタイルを変更します。tr 要素はマウスオーバーされたセル（td 要素）から見て親要素にあたるので、parent() メソッドを併用します。

JS script.js

```
$(function(){
	// セルをマウスオーバー
	$("td").hover(function(){
		// 親要素（tr要素）にtargetクラスを追加
		$(this).parent().addClass("target");
	}, function(){
		// マウスアウト時の処理
	});
});
```

【index.html】

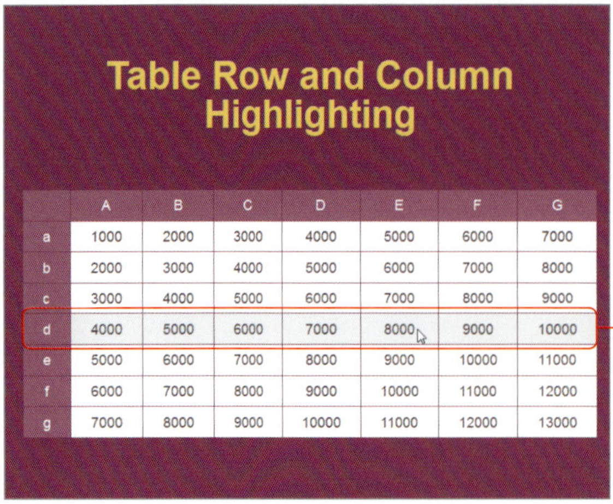

Table Row and Column Highlighting

	A	B	C	D	E	F	G
a	1000	2000	3000	4000	5000	6000	7000
b	2000	3000	4000	5000	6000	7000	8000
c	3000	4000	5000	6000	7000	8000	9000
d	4000	5000	6000	7000	8000	9000	10000
e	5000	6000	7000	8000	9000	10000	11000
f	6000	7000	8000	9000	10000	11000	12000
g	7000	8000	9000	10000	11000	12000	13000

セルをマウスオーバーすると、同行のセルの背景色が変わるようになります。

3 同列のセルのスタイルを変更する

次は同列のセルの背景色を変更します。

テーブルの列は直接対応する要素がないので、少し工夫が必要です。まずは、選択されたセルが、親である tr 要素から見て何番目の要素になるのか調べます。順番を調べるには index() メソッドを使用します。

取得した順番は変数 myIndex に代入しておきます。

★覚えよう
index() メソッド (p.041 参照)

JS script.js

```
$(function(){
	// セルをマウスオーバー
	$("td").hover(function(){
		// 親要素（tr要素）にtargetクラスを追加
		$(this).parent().addClass("target");

		// 親要素から見て、自分が何番目の子要素なのか調べる
		var myIndex = $(this).index();
	}, function(){
		// マウスアウト時の処理
	});
});
```

●インデックス番号の取得

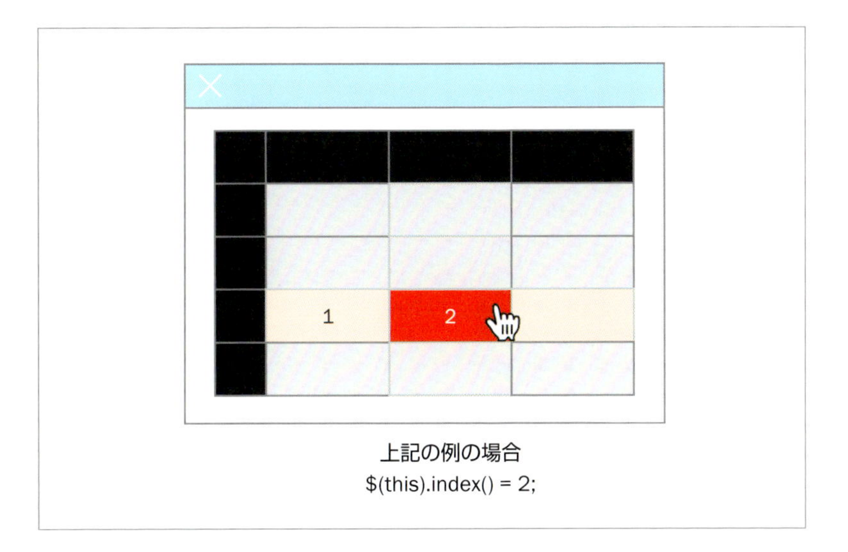

上記の例の場合
$(this).index() = 2;

セルが何番目か取得したら、各行の同じ順番のセルにtargetクラスを追加します。特定の順番のtd要素を指定するために、セレクタにはnth-child()擬似クラスを利用します。「td:nth-child(n)」のように指定することで、n番目の子要素tdのみをピックアップできます。

ただし、index()メソッドで取得した順番は0からカウントするのに対し、nth-child()は1からカウントするという違いがあるため、数値がずれないようmyIndexの値を1プラスします。クラスの追加にはaddClass()メソッドを使用します。

JS script.js

```
$(function(){
	// セルをマウスオーバー
	$("td").hover(function(){
		// 親要素（tr要素）にtargetクラスを追加
		$(this).parent().addClass("target");

		// 親要素から見て、自分が何番目の子要素なのか調べる
		var myIndex = $(this).index();

		// myIndexに1プラス
		myIndex ++;

		//  各行の「myIndex番目の子要素」にtargetクラスを追加する
		$("td:nth-child("+ myIndex +")").addClass("target");
	}, function(){
		// マウスアウト時の処理
	});
});
```

●インデックス番号と nth-child() 擬似クラスの調整

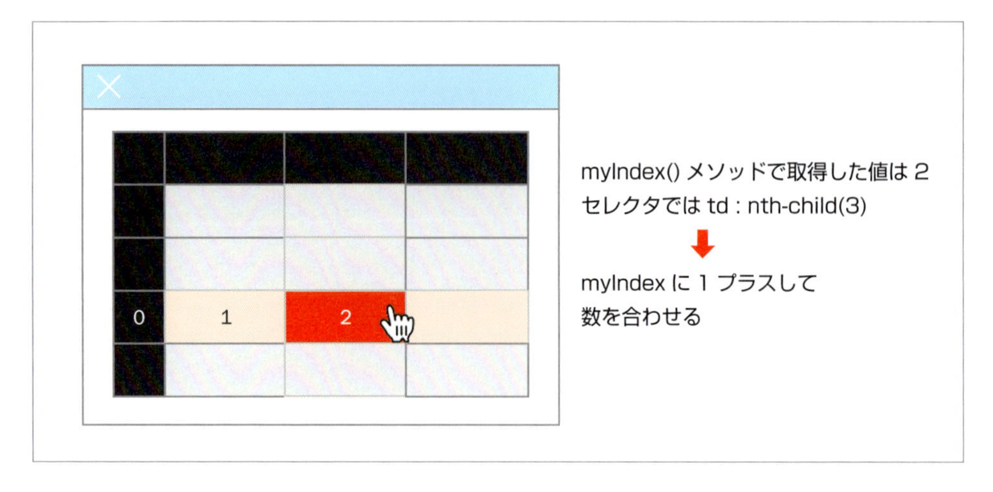
0
1
2
myIndex() メソッドで取得した値は 2
セレクタでは td : nth-child(3)
myIndex に 1 プラスして
数を合わせる

マウスオーバーすると、同列のセルの背景色も変わるようになります。

【index.html】

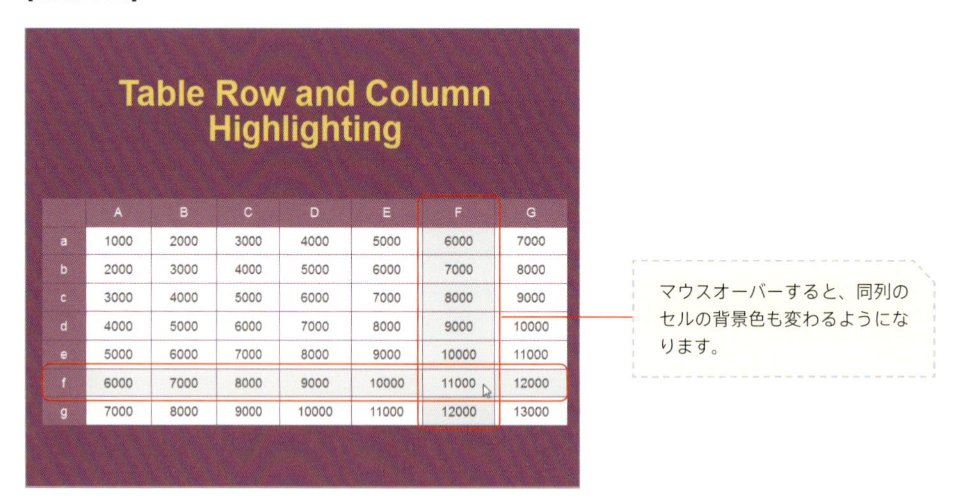
Table Row and Column Highlighting
マウスオーバーすると、同列のセルの背景色も変わるようになります。

	A	B	C	D	E	F	G
a	1000	2000	3000	4000	5000	6000	7000
b	2000	3000	4000	5000	6000	7000	8000
c	3000	4000	5000	6000	7000	8000	9000
d	4000	5000	6000	7000	8000	9000	10000
e	5000	6000	7000	8000	9000	10000	11000
f	6000	7000	8000	9000	10000	11000	12000
g	7000	8000	9000	10000	11000	12000	13000

4 マウスアウトでセルの色を元に戻す

最後に、マウスアウトのタイミングで全ての .target を削除し、全てのセルの色を元に戻すようにします。クラスの削除には removeClass() メソッドを使用します。

JS script.js

```
$(function(){
	// セルをマウスオーバー
	$("td").hover(function(){
		// 親要素（tr要素）にtargetクラスを追加
		$(this).parent().addClass("target");

		// 親要素から見て、自分が何番目の子要素なのか調べる
		var myIndex = $(this).index();

		// myIndexに1プラス
		myIndex ++;

		// 各行の「myIndex番目の子要素」にtargetクラスを追加する
		$("td:nth-child("+ myIndex +")").addClass("target");
	}, function(){
		// マウスアウト時にtargetクラスを削除
		$(".target").removeClass("target");
	});
});
```

セルをマウスオーバー／アウトすることで、正しく色が切り替わるようになれば完成です。

POINT

- CSS でセルの色をハイライトするスタイルを定義しておく
- 行のスタイル変更は tr 要素に対してクラスを追加して行う
- 列のスタイル変更は index() メソッドで子要素 td の順番を取得してから、擬似要素 td:nth-child() に対してクラスを追加して行う

Chapter 05
LESSON 19

jQueryのサンプル制作：Level 3

アコーディオンパネル

複数のコンテンツを同じ領域内で折りたたみ／展開して切り替え表示できるアコーディオンパネルを作成します。切り替えにはアニメーション効果をつけてみます。

制作準備

完成形と基本構成

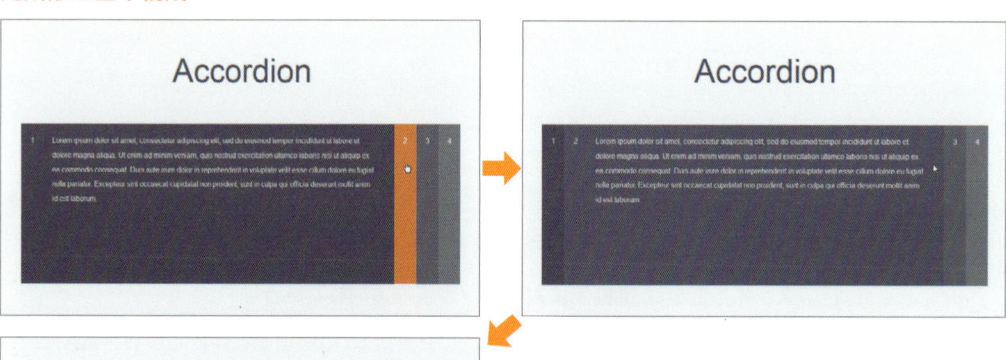

横に並んだ4つのパネルのうち、クリックしたパネルが開き、それ以外の3つが閉じるという動作をします。

必要な構成

まず初期状態では1番目のコンテンツのみを表示させるようにしておきます。その状態からタイトルがクリックされたときに、それぞれのコンテンツを展開する処理を行います。

	構成	jQuery	JavaScript
1	1番目のコンテンツのみを表示させる	css()	
2	タイトルを選択する	click()	
3	選択されたコンテンツを展開する	attr() / animate() / hasClass()	if文

HTMLとCSSの確認

HTML index.html

```
<dl>
  <dt><a href="#acc1" class="currentBtn">1</a></dt>
  <dd id="acc1" class="current">
    <!-- パネル1の内容 -->
  </dd>
  <dt><a href="#acc2">2</a></dt>
  <dd id="acc2">
    <!-- パネル2の内容 -->
  </dd>
  <dt><a href="#acc3">3</a></dt>
  <dd id="acc3">
    <!-- パネル3の内容 -->
  </dd>
  <dt><a href="#acc4">4</a></dt>
  <dd id="acc4">
    <!-- パネル4の内容 -->
  </dd>
</dl>
```

アコーディオンパネルはdl要素で作成されています。クリックされるタイトル部分はdt要素、展開されるコンテンツ部分はdd要素です。各タイトルとコンテンツは、a要素のhref属性とdd要素のid属性の値を揃えることによって紐づけています。

初期状態ではパネル1のタイトルにcurrentBtnクラス、コンテンツにcurrentクラスをそれぞれ付けてあります。

CSS style.css

```
/* タイトル部分 */
dt{
    float:left;
}

/* コンテンツ部分 */
dd{
    float:left;
    width:800px;
    height:350px;
    overflow:hidden;
}
```

コンテンツ部分（dd 要素）の幅は 800px です。dt 要素と dd 要素はそれぞれ float:left で横並びにしていますが、main 要素の幅を 1000px にしているので、初期状態では全体が崩れたような表示になっています。

●制作前の HTML の状態

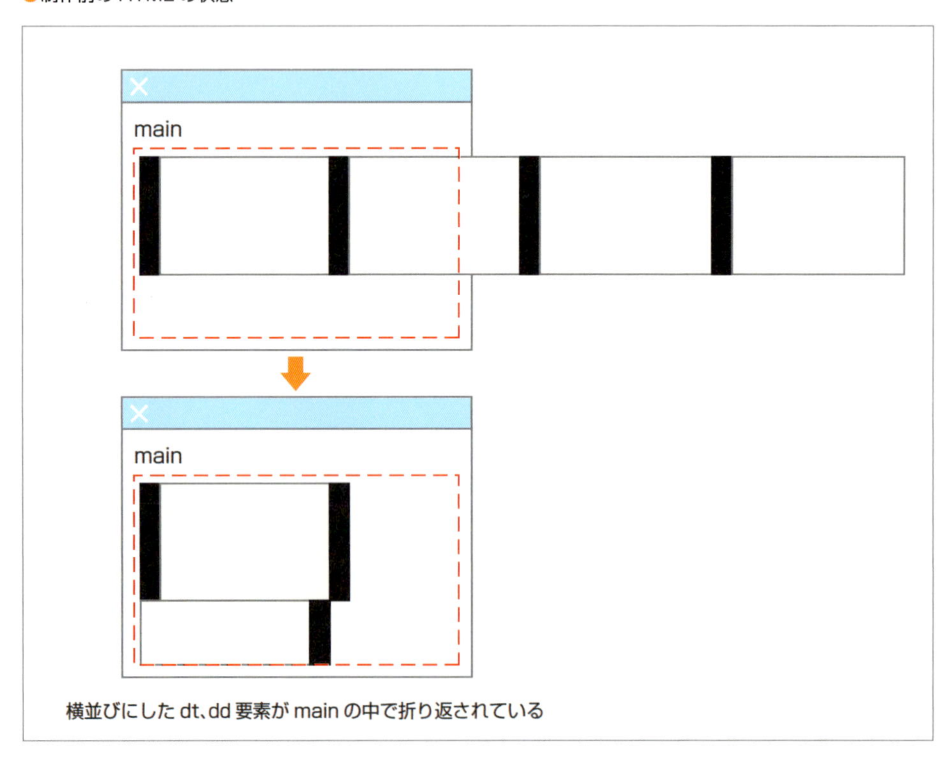

横並びにした dt、dd 要素が main の中で折り返されている

【index.html】

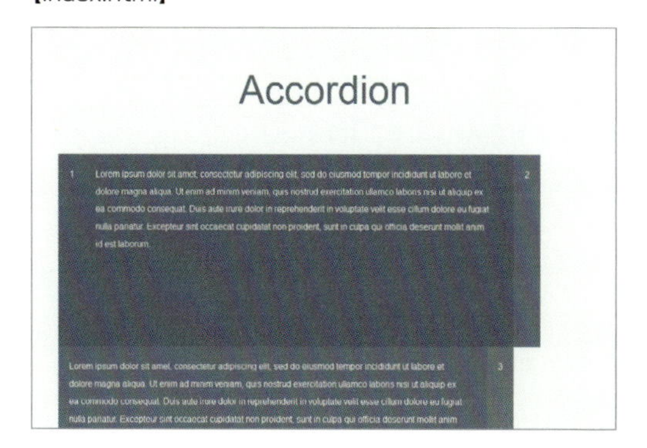

実習 アコーディオンパネルの制作

1 1番目のコンテンツのみを表示させる

初期状態では1番目のコンテンツである#acc1だけを展開させます。コンテンツ部分を閉じるには、CSSのwidthプロパティの値を0することで実現できます。「id属性が#acc1でないdd要素」を示すセレクタは「dd[id != "acc1"]」です。css()メソッドを使用して、widthプロパティを変更しましょう。

JS script.js

```
$(function(){
    // #acc1以外を縮める
    $('dd[id != "acc1"]').css("width", "0px");
});
```

【index.html】

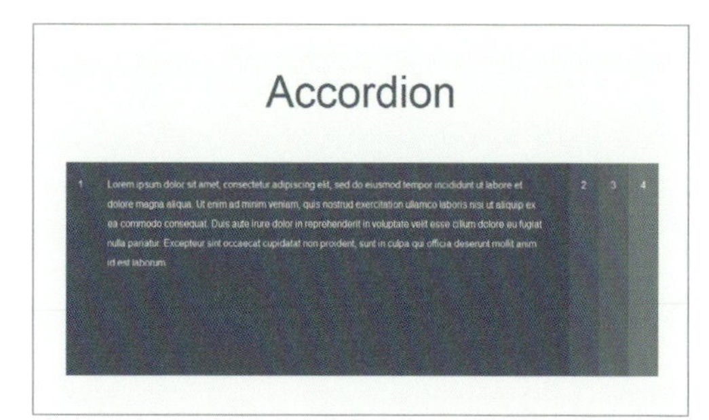

2 タイトルを選択する

タイトル部分をクリックしたときの処理として click() メソッドを使用します。

JS script.js

```
$(function(){
	// #acc1以外を縮める
	$('dd[id != "acc1"]').css("width", "0px");

	// a要素をクリック
	$("a").click(function(){
		// クリック時の処理

		return false;
	});
});
```

3 選択されたコンテンツを展開する

クリックされたコンテンツを展開します。タイトル部分の a 要素の href 属性がコンテンツ部分の id 属性と紐づいているので、まずはこの href 属性を attr() メソッドで取得します。例えば 2 番目をクリックした場合、「acc2」を取得することになります。

JS script.js

```
$(function(){
	// #acc1以外を縮める
	$('dd[id != "acc1"]').css("width", "0px");

	// a要素をクリック
	$("a").click(function(){
		// 展開するコンテンツの取得
		$(this).attr("href");

		return false;
	});
});
```

この時点で展開されているコンテンツは current クラスのついた dd 要素です。そしてこれから展開するコンテンツは $(this).attr("href") で取得しました。2 つのコンテンツが取得できたので、animate() メソッドを使用して前者を縮め、後者を展開します。ここでも操作するのは width プロパティの値です。

JS script.js

```
$(function(){
	// #acc1以外を縮める
	$('dd[id != "acc1"]').css("width", "0px");

	// a要素をクリック
	$("a").click(function(){
		// 現在のコンテンツを縮める
		$(".current").animate({"width" : "0px"}, 300);

		// 次のコンテンツを展開
		$($(this).attr("href")).animate({"width" : "800px"}, 300);

		return false;
	});
});
```

次に現在開いているタイトルとコンテンツを示すcurrentBtnクラスとcurrentクラスを、それぞれ新しいタイトルと新しいコンテンツへ移します。現在のクラスを削除してから、新しい要素へ付け替えます。

JS script.js

```
$(function(){
	// #acc1以外を縮める
	$('dd[id != "acc1"]').css("width", "0px");

	// a要素をクリック
	$("a").click(function(){
		// 現在のコンテンツを縮める
		$(".current").animate({"width" : "0px"}, 300);

		// 次のコンテンツを展開
		$($(this).attr("href")).animate({"width" : "800px"}, 300);

		// currentクラスを削除
		$("dd").removeClass();

		// 展開されたコンテンツにcurrentクラスを追加
		$($(this).attr("href")).addClass("current");

		// currentBtnクラスを削除
		$("a").removeClass();

		// 選択されたタイトル(自分自身)にcurrentBtnクラスを追加
		$(this).addClass("currentBtn");
```

```
            return false;
        });
});
```

ここまでで動作を確認してみると、同じタイトルを連続でクリックしたときに不具合が起こることがわかります。

【index.html】

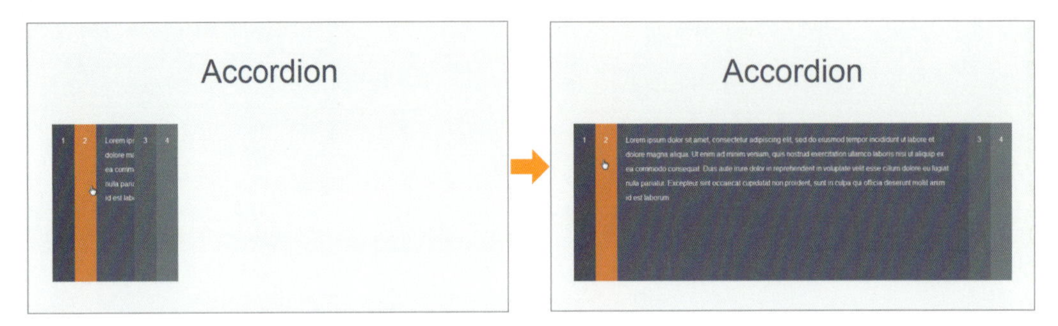

同じコンテンツがいったん縮んで、また表示されるような挙動になってしまいます。

●すでに表示されているコンテンツを選択した場合の不具合

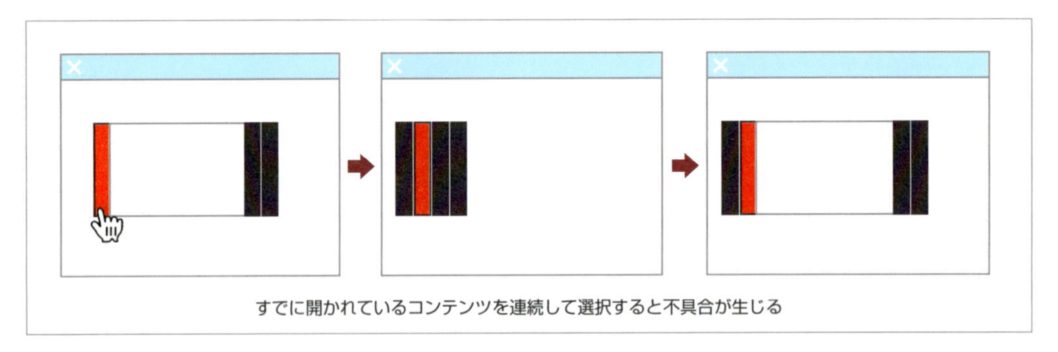

すでに開かれているコンテンツを連続して選択すると不具合が生じる

そこで「今展開されているコンテンツ」と「新しく選択されたコンテンツ」が異なる場合のみ収縮・展開処理を行うことでこれを解決します。これは「クリックしたタイトルに currentBtn クラスが付いていなければスクリプトを実行する」ということになりますので、if 文と hasClass() メソッドを使用して条件文を作成します。

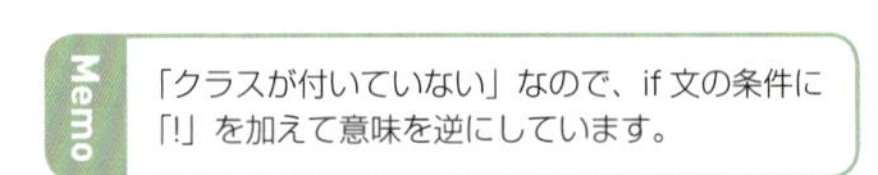

Memo
「クラスが付いていない」なので、if 文の条件に「!」を加えて意味を逆にしています。

JS script.js

```
$(function(){
     /* 省略 */

     // a要素をクリック
     $("a").click(function(){
          // currentBtnクラスが付いていなければ、if文の中を実行
          if(!$(this).hasClass("currentBtn")){
               // 現在のコンテンツを縮める
               $(".current").animate({"width" : "0px"}, 300);

               // 次のコンテンツを展開
               $($(this).attr("href")).animate({"width" : "800px"}, 300);

               // currentクラスを削除
               $("dd").removeClass();

               // 展開されたコンテンツにcurrentクラスを追加
               $($(this).attr("href")).addClass("current");

               // currentBtnクラスを削除
               $("a").removeClass();

               // 選択されたタイトル(自分自身)にcurrentBtnクラスを追加
               $(this).addClass("currentBtn");
          }
          return false;
     });
});
```

これで、異なるタイトルを選択した場合のみアニメーションが実行されれば完成です。

POINT

- **タイトルのhref要素とコンテンツのid属性を同じにして紐づける**
- **widthプロパティの値を変更して開閉を表現する**
- **クリック対象が重複したときは動作しないように分岐する**

Chapter 05
LESSON 20

jQueryのサンプル制作：Level 3

スムーススクロール

メニュー項目をクリックすると該当個所までスムースにスクロールして移動するナビゲーションを作成します。いきなりジャンプしてユーザーを迷わせないための工夫です。

制作準備

完成形の確認

ページ内リンクをクリックすると、該当のリンク先までなめらかにスクロールするインターフェイスです。

必要な構成

ナビゲーションのクリックで処理を実行し、対応する箇所までコンテンツ部分を縦スクロールで移動させる処理が必要になります。

	構成	jQuery
1	ナビゲーションの選択	click()
2	選択したコンテンツへ移動する	attr() / offset() / animate()

HTMLの確認

HTML index.html

```
<header>
   <h1>Smooth<br>Scroll</h1>
   <nav>
     <ul>
       <li><a href="#sec1">Section1</a></li>
       <li><a href="#sec2">Section2</a></li>
       <li><a href="#sec3">Section3</a></li>
       <li><a href="#sec4">Section4</a></li>
     </ul>
   </nav>
 </header>
 <main>
   <section id="sec1"><!-- Section1の内容 --></section>
   <section id="sec2"><!-- Section2の内容 --></section>
   <section id="sec3"><!-- Section3の内容 --></section>
   <section id="sec4"><!-- Section4の内容 --></section>
 </main>
```

header要素にはナビゲーションがリストで入っています。main要素には4つのsection要素が入っています。ナビゲーションとコンテンツの紐付けは、それぞれa要素のhref属性とsection要素のid属性で行っています。

【index.html】

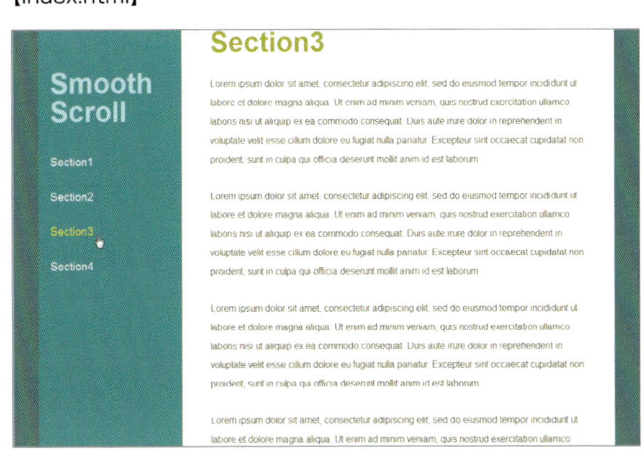

jQueryスクリプトのない状態では、単純なページ内リンクとなり、スクロールせずに瞬時に該当箇所に切り替わります。

実習 スムーススクロールの制作

1 ナビゲーションの選択で実行する

ナビゲーションのクリックには click() メソッドを使用します。セレクタは a 要素になりますが、一般的なページ内では a 要素がたくさん存在する可能性があるため、不要なものは対象から外さなければなりません。ここでは「#sec1」～「#sec4」の 4 つが対象になればいいので、「# から始まらないもの」および「# だけのもの」は対象から外します。

CSS3 のセレクタはこのような絞り込みができるので、これを使って「a[href^=#]:not([href=#])」と指定します。

> **Memo**
> href 属性が「# から始まらないもの」（本来のリンク <a href="http:// ～ "> など）や、「# だけのもの」（<a href="#">）はセレクタにならないようにします。

JS script.js

```
$(function(){
	// ナビゲーションをクリック
	$("a[href^=#]:not([href=#])").click(function(){
		// クリック時の処理

		return false;
	});
});
```

2 選択したコンテンツへ移動する

次に、コンテンツの該当箇所へスクロールして移動する処理を記述します。

まず、移動先となるコンテンツ位置を取得します。ナビゲーションの a 要素の href 属性と、該当するコンテンツの id 属性は同一にしてあるので、該当のコンテンツは attr("href") を使って取得できます。コンテンツの縦位置は offset().top で取得します。

コンテンツ位置を取得したら、変数 target に代入しておきます。

JS script.js

```
$(function(){
    // ナビゲーションをクリック
    $("a[href^=#]:not([href=#])").click(function(){
        // 移動先のコンテンツの位置を取得
        var target = $($(this).attr("href")).offset().top;

        return false;
    });
});
```

該当コンテンツの位置まで、animate() メソッドを使用してブラウザをスクロールさせます。

通常、animate() メソッドでは第一引数に css プロパティを取りますが、ページスクロール用には特別に「scrollTop」というプロパティが用意されています。「animate({scrollTop:500})」のように指定して、セレクタを html 要素と body 要素とすることで、ブラウザの画面をスクロールできます。

Memo
ブラウザによる解釈の違いがあるため、html 要素と body 要素の２つをセレクタとして指定しています。

JS script.js

```
$(function(){
    // ナビゲーションをクリック
    $("a[href^=#]:not([href=#])").click(function(){
        // 移動先のコンテンツの位置を取得
        var target = $($(this).attr("href")).offset().top;

        // コンテンツへスクロール
        $("html, body").animate({scrollTop: target}, 500);

        return false;
    });
});
```

【index.html】

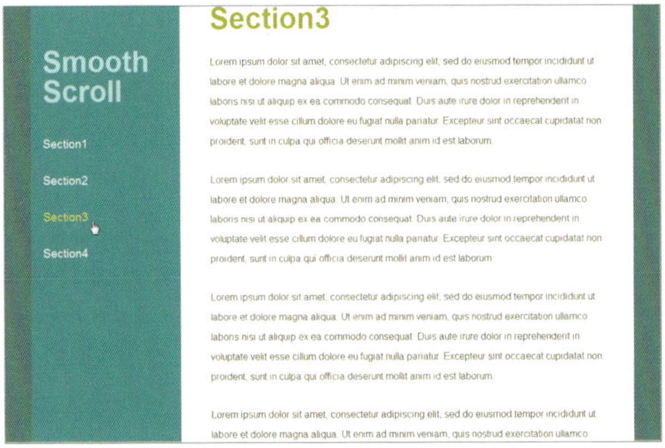

目的のコンテンツへスクロールされるようになりましたが、現状ではコンテンツの始まりがブラウザの頭ギリギリになってしまいます。そこで少し位置を調節して、左カラムのサイトタイトルと揃うようにしてみます。

左カラムの上部の空きは 70px ですので、変数 target の値を 70 減算します。

header 要素のスタイルが padding:70px になっていることから求められます。

JS script.js

```
$(function(){
    // ナビゲーションをクリック
    $("a[href^=#]:not([href=#])").click(function(){
        // 移動先のコンテンツの位置を取得
        var target = $($(this).attr("href")).offset().top;

        // 70px減らす
        target -= 70;

        // コンテンツへスクロール
        $("html, body").animate({scrollTop: target}, 500);

        return false;
    });
});
```

【index.html】

サイトタイトルに揃う位置までスクロールされれば完成です。

POINT

- click() メソッドの対象とするセレクタを、CSS3 の属性セレクタや擬似クラスを使って絞り込む
- 画面をスクロールさせるには、セレクタを html 要素または body 要素として、animate() メソッドの第一引数に scrollTop プロパティとその値をとる

Chapter 06

jQueryの サンプル制作：Level 4

配列を扱ったり、if文やfor文を複数組み合わせたり、変数の計算などが必要なサンプルを作ります。慣れないうちは難しいかもしれませんが、解説をよく読んでトライしてみましょう。

Chapter 06
LESSON 21

jQueryのサンプル制作：Level 4

バナーのランダム表示

ページを読み込むたびにランダムに表示されるバナーを作ります。配列の扱い方の基本を覚えましょう。

講義 制作準備

完成形の確認

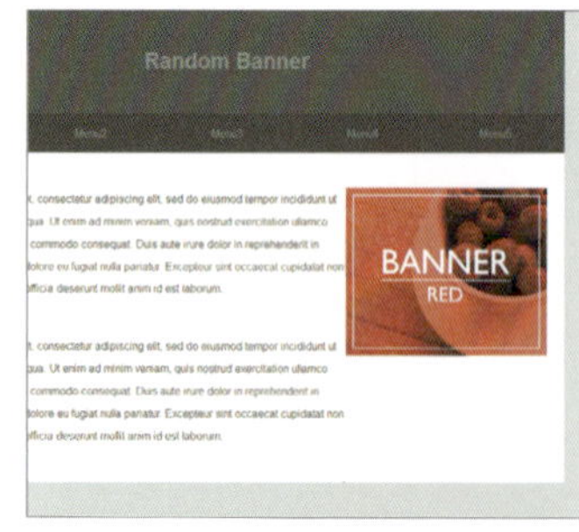

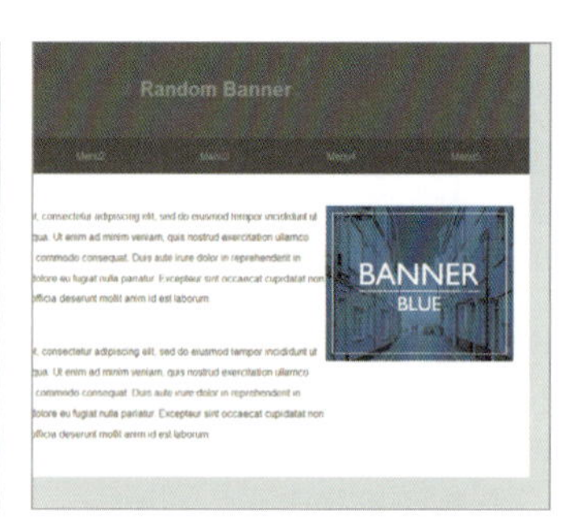

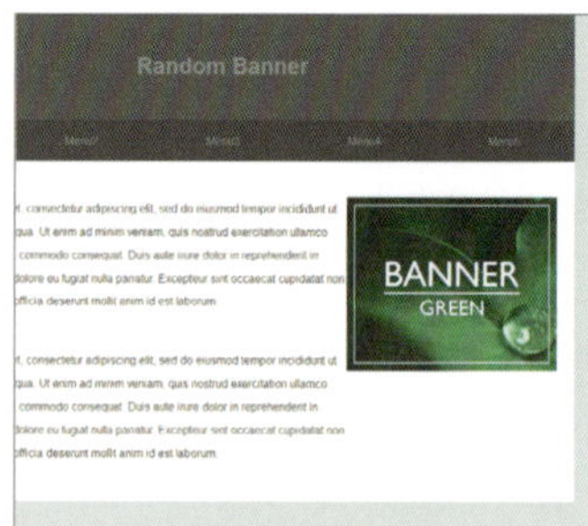

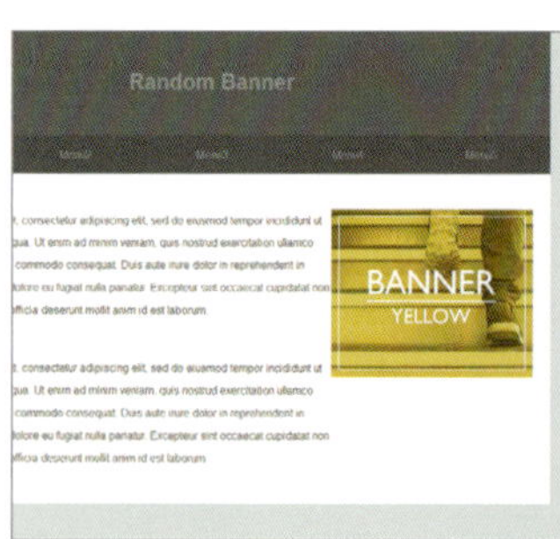

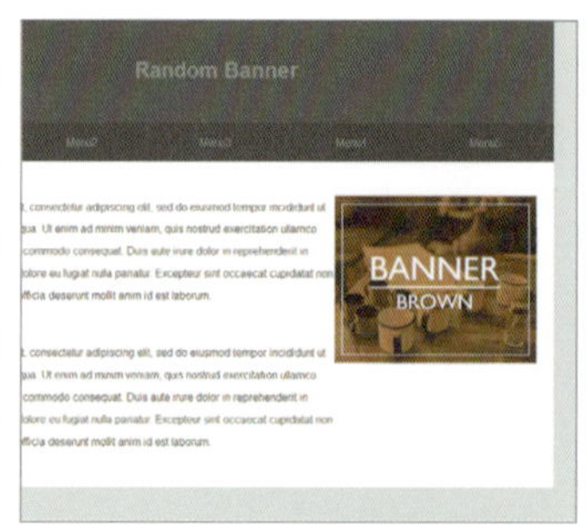

ページを読み込むたびに、5 種類のバナーがランダムで表示されます。

必要な構成

	構成	jQuery	JavaScript
1	ファイル名を配列にする		配列
2	ランダムな整数を生成する		Math() オブジェクト
3	バナーを表示する	attr()	

HTML の確認

HTML index.html

```
<div id="right">
  <aside><img src="img/red.jpg" width="300" height="240" alt="banner"></aside>
</div>
```

バナーが表示されるのはページの右カラム側、#right aside です。最初は赤いバナー（red.jpg）が表示されています。

【index.html】

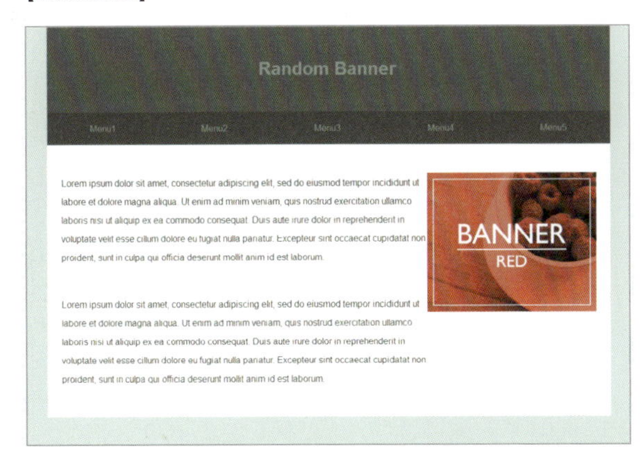

実習 ランダムバナーの制作

1 ファイル名を配列にする

バナー画像は全部で5種類あります。この5種類をまとめて扱えるように、配列bannerArrayを宣言し、バナーのファイル名を入れておきます。

★覚えよう
配列（p.057 参照）

JS script.js

```
$(function(){
    // バナー用配列
    var bannerArray = ["red", "yellow", "green", "blue", "brown"];
});
```

2 ランダムな整数を生成する

配列 bannerArray の要素は 0 番目から 4 番目まであります（bannerArray[0] ~ bannerArray[4]）。そこで Math オブジェクトで 0 ~ 4 までの整数をランダムに生成し、その値を利用して取り出す配列要素を決定します。

0 ~ 4 までの整数をランダムに生成するには、変数 num を宣言して、次の手順の通り記述します。

★覚えよう
Math オブジェクト (p.064 参照)

1. Math.random() で 0 から 1 までの任意の数値を生成し、変数 num に代入する
2. 変数 num に 5 を掛ける
3. Math.floor で小数点を切り捨て、変数 num を整数にする

これをスクリプトにすると次のようになります。

JS script.js

```
$(function(){
    // バナー用配列
    var bannerArray = ["red", "yellow", "green", "blue", "brown"];

    // 0～1未満の数を生成：値域0～0.9999...
    var num = Math.random();

    // numに5を掛ける：値域0～4.9999...
    num = num*5;

    // 小数点を切り捨てる：0、1、2、3、4のうちのいずれか
    num = Math.floor(num);
});
```

3 バナーを表示する

取得できたnumの値を配列の番号に利用して、img要素のsrc属性を設定します。

JS script.js

```
$(function(){
    // バナー用配列
    var bannerArray = ["red", "yellow", "green", "blue", "brown"];

    // 0～1未満の数を生成：値域0～0.9999...
    var num = Math.random();

    // numに5を掛ける：値域0～4.9999...
    num = num*5;

    // 小数点を切り捨てる：0、1、2、3、4のうちのいずれか
    num = Math.floor(num);

    // バナーを表示
    $("aside img").attr("src", "img/" + bannerArray[num] + ".jpg");
});
```

【index.html】

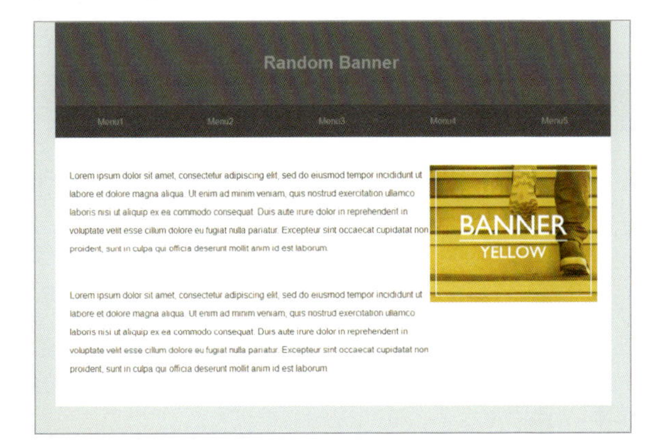

ブラウザをリロードするたびにバナーが切り替わるようになれば完成です。

POINT

- バナー画像のファイル名を配列として扱う
- Math() オブジェクトを使ってランダムな数字を生成する

jQueryのサンプル制作：Level 4

フォームのバリデーション

フォームの入力チェックを行うバリデーションを作成します。if文がたくさん入ってきてソースコードが長くなりますが、手順ごとに分かれているので1つずつ確認しながら作りましょう。

制作準備

完成形の確認

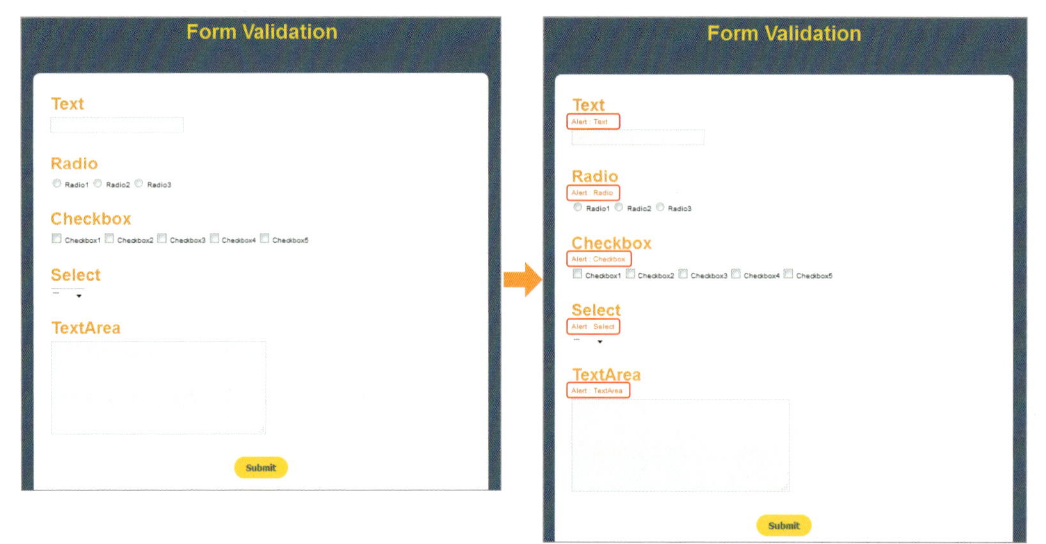

項目の入力チェックを行い、未入力・未選択のまま送信しようとするとエラーメッセージを表示するフォームです。

必要な構成

アラート文は通常は非表示にしておき、ボタンを押したタイミングで入力チェックを行い、記入や選択のない項目に限ってアラート文を表示させる仕組みが必要です。

	構成	jQuery	JavaScript
1	フォームの初期設定	hide() / click()	if文
2	入力チェック（一行入力フィールド、複数行入力フィールド）	val() / show() / hide()	if文
3	入力チェック（セレクトボックス）	val() / show() / hide()	if文
4	入力チェック（ラジオボタン、チェックボックス）	show() / hide()	if文 / lengthプロパティ
5	送信チェック		if文

HTMLの確認

```
<form action="form.php" method="post">
  <!-- 1行テキスト入力 -->
  <div id="textSection">
    <p><label for="text">Text</label></p>
    <p class="alert">Alert : Text</p>
    <input type="text" id="text" name="text" value="">
  </div>
  <!-- ラジオボタン -->
  <div id="radioSection">
    <p>Radio</p>
    <p class="alert">Alert : Radio</p>
    <input type="radio" id="radio1" name="radio" value="Radio1">
    <label for="radio1">Radio1</label>
    <input type="radio" id="radio2" name="radio" value="Radio2">
    <label for="radio2">Radio2</label>
    <input type="radio" id="radio3" name="radio" value="Radio3">
    <label for="radio3">Radio3</label>
  </div>
  <!-- 省略 -->
  <input type="submit" value="Submit" id="submitBtn">
</form>
```

入力項目ごとにdiv要素で分かれています。div要素の中にはそれぞれのタイトル、アラート文、入力欄が入っています。送信ボタンは#submitBtnです。

form要素のaction属性には本来送信用のプログラムファイル名が入りますが、今回は仮で「form.php」としておきます。

Memo
フォーム送信には別途プログラムを用意する必要があります。このサンプルだけでは送信できません。

【index.html】

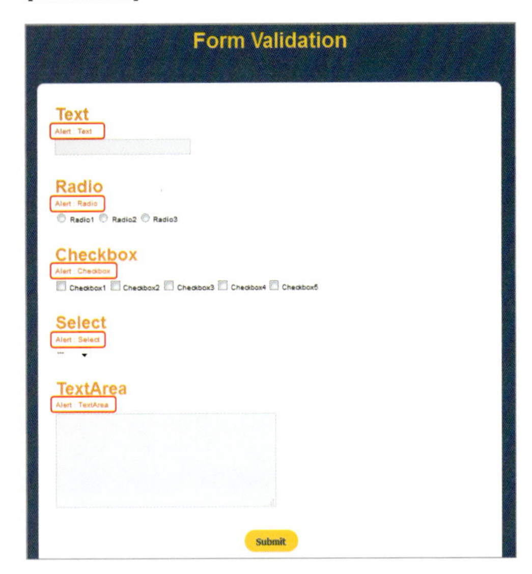

制作開始前には全てのアラート文が表示されています。

実習 バリデーションの制作

1 フォームの初期設定

まずは全てのアラート文を非表示にしておきます。hide() メソッドを使用します。

JS script.js

```
$(function(){
    // 全てのアラート文を非表示にする
    $(".alert").hide();
});
```

入力チェックは送信ボタンがクリックされたタイミングで行いますので、click() メソッドを用意します。また、return false を合わせて、入力チェックが完了するまでフォームが送信されないようにしておきます。

★覚えよう
return false（p.042 コラム参照）

JS script.js

```
$(function(){
	// 全てのアラート文を非表示にする
	$(".alert").hide();

	// 送信ボタンをクリック
	$("#submitBtn").click(function(){
		// クリック時の処理（各種入力チェック）

		// フォームが送信されないようにする
		return false;
	});
});
```


2 入力チェック（一行入力フィールド、複数行入力フィールド）

今回は、体系立ててスクリプトを紹介するため、一行入力フィールド、複数行入力フィールド、セレクトボックス、ラジオボタン、チェックボックスの順番で制作していきます。

まずは、一行入力フィールド #text のチェックを行います。if 文を使って、#text の value 属性が未入力の場合はアラート文（.alert）を表示させます。value 属性を取得するには val() メソッドを使用します。

★覚えよう
val() メソッド (p.038 参照)

JS script.js

```
$(function(){
	// 全てのアラート文を非表示にする
	$(".alert").hide();

	// 送信ボタンをクリック
	$("#submitBtn").click(function(){
		// 一行入力フィールドのチェック
		if(!$("#text").val()){
			// 入力がない：アラート文を表示
			$("#textSection .alert").show();
		}else{
			// 入力がある：アラート文を非表示
			$("#textSection .alert").hide();
		}

		// フォームが送信されないようにする
		return false;
	});
});
```

複数行入力フィールド #textarea も同様にします。

JS script.js

```
$(function(){
	// 全てのアラート文を非表示にする
	$(".alert").hide();

	// 送信ボタンをクリック
	$("#submitBtn").click(function(){
		// 一行入力フィールドのチェック
		/* 省略 */

		// 複数行入力フィールドのチェック
		if(!$("#textarea").val()){
			// 入力がない：アラート文を表示
			$("#textareaSection .alert").show();
		}else{
			// 入力がある：アラート文を非表示
			$("#textareaSection .alert").hide();
		}

		// フォームが送信されないようにする
		return false;
	});
});
```

入力項目を空にして送信ボタンを押し、アラート文が出ることを確認してみましょう。

【index.html】

3 入力チェック（セレクトボックス）

セレクトボックスもvalue属性の値を調べて入力チェックを行います。
まずはHTMLを確認してみましょう。

HTML index.html

```
<div id="selectArea">
  <p>Select</p>
  <p class="alert">Alert : Select</p>
  <select>
    <option value="none">---</option>
    <option value="Select1">Select1</option>
    <option value="Select2">Select2</option>
    <option value="Select3">Select3</option>
  </select>
</div>
```

デフォルトの選択肢「---」が選ばれている場合にアラート文を表示させたいので、条件は「value属性の値が「none」の場合」になります。

JS script.js

```
$(function(){
     // 全てのアラート文を非表示にする
     $(".alert").hide();

     // 送信ボタンをクリック
     $("#submitBtn").click(function(){
           // 一行入力フィールドのチェック
           /* 省略 */

           // セレクトボックスのチェック
           if($("select").val() == "none"){
                  // 選択がない：アラート文を表示
                  $("#selectSection .alert").show();
           }else{
                  // 選択がある：アラート文を非表示
                  $("#selectSection .alert").hide();
           }

           // 複数行入力フィールドのチェック
           /* 省略 */

           // フォームが送信されないようにする
           return false;
     });
});
```

アラート文が出ることを確認してみましょう。

【index.html】

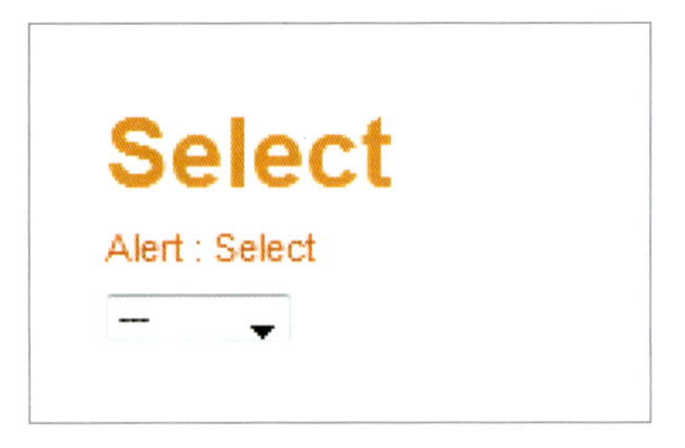

 入力チェック（ラジオボタン、チェックボックス）

続いてラジオボタンのチェックを行います。

チェックされたラジオボタンは「name 属性の値が radio で、かつチェックが入っているもの」なので、セレクタは「input[name="radio"]:checked」になります。

これに length プロパティを合わせて、チェックされた項目の数を調べます。

調べた項目数は変数 radioChk に代入します。値が 0 の場合、ラジオボタンは選択されていないことになるため、アラート文を表示させます。

★覚えよう
length プロパティ（p.065 参照）

JS script.js

```
$(function(){
	// 全てのアラート文を非表示にする
	$(".alert").hide();

	// 送信ボタンをクリック
	$("#submitBtn").click(function(){
		// 一行入力フィールドのチェック
		/* 省略 */

		// ラジオボタンのチェック
		var radioChk = $('input[name="radio"]:checked').length;
		// 選択されたラジオボタンの数を調べる
		if(radioChk == 0){
			// 選択がない：アラート文を表示
			$("#radioSection .alert").show();
		}else{
			// 選択がある：アラート文を非表示
			$("#radioSection .alert").hide();
		}
```

```
            // セレクトボックスのチェック
            /* 省略 */

            // 複数行入力フィールドのチェック
            /* 省略 */

            // フォームが送信されないようにする
            return false;
        });
});
```

チェックボックスも同様の手順で行います。チェックボックスでは複数選択が可能なので、ここでは３つの選択が必須ということにします。変数はchkboxChk、セレクタは「input[name="checkbox"]:checked」、アラート文を表示する条件は「chkboxChkが３未満の場合」です。

JS script.js

```
$(function(){
    // 全てのアラート文を非表示にする
    $(".alert").hide();

    // 送信ボタンをクリック
    $("#submitBtn").click(function(){
        // 一行入力フィールドのチェック
        /* 省略 */

        // ラジオボタンのチェック
        /* 省略 */

        // チェックボックスのチェック
        var chkboxChk = $('input[name="checkbox"]:checked').length;
        // 選択されたチェックボックスの数を調べる
        if(chkboxChk < 3){
            // 選択が3つ未満：アラート文を表示
            $("#checkboxSection .alert").show();
        }else{
            // 選択が3つ以上：アラート文を非表示
            $("#checkboxSection .alert").hide();
        }
        // セレクトボックスのチェック
        /* 省略 */

        // 複数行入力フィールドのチェック
        /* 省略 */

        // フォームが送信されないようにする
        return false;
    });
});
```

【index.html】

5 送信チェック

これで全てのチェックが完了しました。

最後に、実装したチェックを全て通過した場合にのみ、フォームが送信されるようにします。送信されるには冒頭で設定した return false を解除する必要があります。今回はこれを次のように行います。

まずは送信判定用の変数 sendFlag を用意し、初めは true を代入しておきます。各種チェック部分で、未入力アラートを出した後に変数 sendFlag の値を false に変えます。

全チェックを終えた段階で変数 sendFlag の値を if 文で判定し、true のままであれば送信、false であれば return false によって、送信が行われないようにします。

JS script.js

```
$(function() {
	// 全てのアラート文を非表示にする
	$(".alert").hide();

	$("#submitBtn").click(function(){
		// チェック用の変数sendFlag
		var sendFlag = true;

		// 一行入力フィールドのチェック
		if(!$("#text").val()){
			$("#textSection .alert").show();
			sendFlag = false; // 入力がなければfalseに
		}else{
			$("#textSection .alert").hide();
		}

		// ラジオボタンのチェック
		var radioChk = $('input[name="radio"]:checked').length;
		if(radioChk == 0){
			$("#radioSection .alert").show();
			sendFlag = false; // 選択がなければfalseに
		}else{
			$("#radioSection .alert").hide();
```

```
        }

        // チェックボックスのチェック
        var chkboxChk = $('input[name="checkbox"]:checked').length;
        if(chkboxChk < 3){
            $("#checkboxSection .alert").show();
            sendFlag = false; // 選択が3つ未満ならfalseに
        }else{
            $("#checkboxSection .alert").hide();
        }

        // セレクトボックスのチェック
        if($("select").val() == "none"){
            $("#selectSection .alert").show();
            sendFlag = false; //「---」を選択していたらfalseに
        }else{
            $("#selectSection .alert").hide();


        // 複数行入力フィールドのチェック
        if(!$("#textarea").val()){
            $("#textareaSection .alert").show();
            sendFlag = false; // 入力がなければfalseに
        }else{
            $("#textareaSection .alert").hide();
        }

        // 変数sendFlagの値をチェック
        if(sendFlag == false){
            return false; // falseであれば送信を許可しない（そうでなければ送信）
        }
    });
});
```

実際に送信されないのでわかりにくいかもしれませんが、各種項目を入力したり空にしたりして動作を確認してみてください。

POINT

- **if文を使って入力のチェックを行う**
- **最後に送信チェックを行う**

Chapter 06
LESSON 23

jQueryのサンプル制作：Level 4

スライドメニュー

アイコンをクリックすると、横からスライドしてメニューが現れるページを作ります。スマートフォンページなどでよく見られるタイプのナビゲーションです。

制作準備

完成形の確認

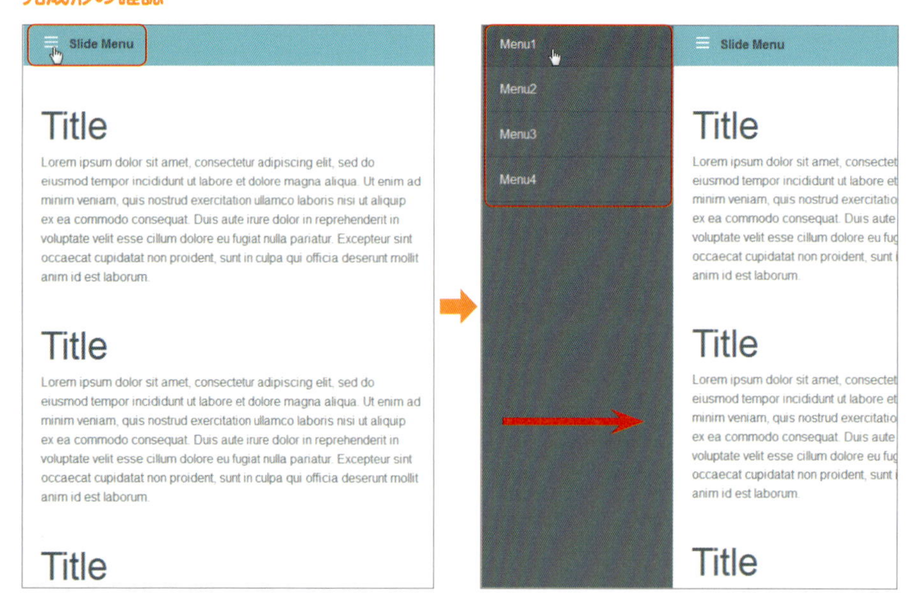

画面左上のメニューアイコンをクリックすると、ナビゲーションメニューがスライドして現れるインターフェイスです。

必要な構成

アイコンをクリックすると、ナビゲーションメニューが横からスライドで出てくる動作を組み込みます。もう一度アイコンをクリックしてナビゲーションメニューを閉じる動作も必要です。

	構成	jQuery	JavaScript
1	アイコンをクリックする	click()	
2	ナビゲーションをスライド表示させる	children() / animate()	

HTMLとCSSの確認

HTML index.html

```
<header>
  <h1>Slide Menu</h1>
  <button><img src="img/button.png" alt="Menu"></button>
</header>
<nav>
  <ul>
    <li><a href="#">Menu1</a></li>
    <li><a href="#">Menu2</a></li>
    <li><a href="#">Menu3</a></li>
    <li><a href="#">Menu4</a></li>
  </ul>
</nav>
<main>
  <!-- 省略 -->
</main>
```

大きくheader要素、nav要素、main要素で構成されています。スライドを開始するためのアイコンはbutton要素として、header要素の中に入っています。

CSS style.css

```
/* ナビゲーション部分 */
nav{
     position:fixed;
     top:0;
     bottom:0;
     width:250px;
     margin-left:-250px;
     background:#5C7079;
}
```

position:fixed および margin-left のマイナスの値を使用して、nav 要素を丸ごとブラウザの表示範囲外に待機させています。nav 要素の幅が 250px なので、margin-left の値を -250px にしています。

● nav 要素はブラウザの外で待機

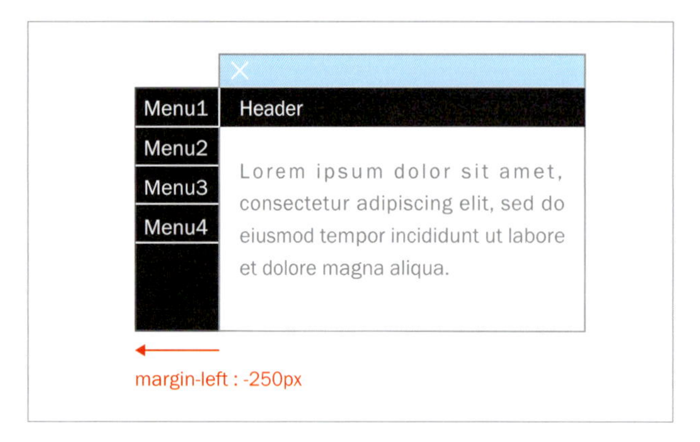

【index.html】

実習 スライドメニューの制作

1 アイコンをクリックする

button 要素に click() メソッドを使用します。

JS script.js

```
$(function(){
    // アイコンをクリック
    $("button").click(function(){
        // クリック時の処理
    });
});
```

2 ナビゲーションスライドを表示させる

アイコンをクリックしたタイミングで、header要素、nav要素、main要素をそれぞれ250px右へずらします。要素の移動にはanimate() メソッドを使用します。移動のスピードは 200 ミリ秒に設定します。

●要素のスライド移動

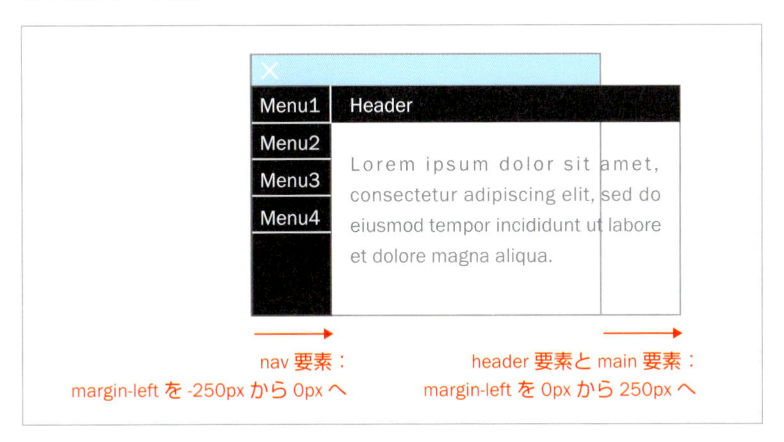

JS script.js

```
$(function(){
	// アイコンをクリック
	$("button").click(function(){
		// nav要素のmargin-leftを-250pxから0pxへ
		$("nav").animate({"margin-left": 0}, 200);

		// header要素のmargin-leftを0pxから250pxへ
		$("header").animate({"margin-left": 250}, 200);

		// main要素のmargin-leftを0pxから250pxへ
		$("main").animate({"margin-left": 250}, 200);
	});
});
```

要素がスライド移動されるのを確認してみましょう。

【index.html】

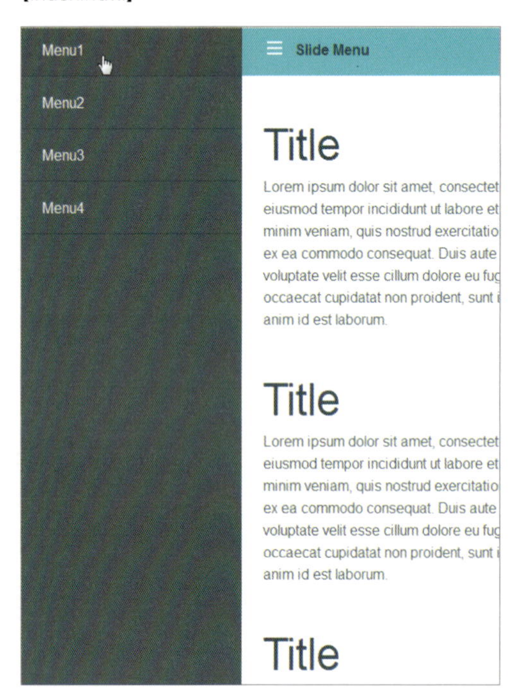

これでも動作はしますが、同じようなコードを3回も書く形になっています。メニューの幅を変えたいときには、何か所も書き直さなくてはならず、手間がかかります。そこで、より効率のよいソースコードに書き換えてみましょう。

まずは「+=」を使って、それぞれの要素のmargin-leftを「現在の値より250px増やす」という表現に変えてみます。

JS script.js

```
$(function(){
    // アイコンをクリック
    $("button").click(function(){
        // nav要素のmargin-leftを250px増やす
        $("nav").animate({"margin-left": "+=250px"}, 200);

        // header要素のmargin-leftを250px増やす
        $("header").animate({"margin-left": "+=250px"}, 200);

        // main要素のmargin-leftを250px増やす
        $("main").animate({"margin-left": "+=250px"}, 200);
    });
});
```

次に、header要素、nav要素、main要素は全て「body要素の子要素」なので、children()メソッドを使うと次のように一括で指定することができます。

JS script.js

```
$(function(){
    // アイコンをクリック
    $("button").click(function(){
        // bodyの子要素のmargin-leftをそれぞれ250px増やす
        $("body").children().animate({"margin-left":
        "+=250px"}, 200);
    });
});
```

動作は変わらず、コンパクトなスクリプトになりました。

最後にナビゲーションを閉じられるようにします。

ナビゲーションの展開時には margin-left プロパティの値を 250px 加算したので、閉じる時には 250px 減算すればよいことになります。

これを変数 dis を使用して次のように行います。変数 dis は初期値を 250 にしておき、アイコンをクリックするたびに -1 を掛けるようにします。変数 dis の値は「250、-250、250…」と交互に入れ替わります。これを margin-left の値として利用します。

JS script.js

```
$(function(){
    // 変数dis：初期値250
    var dis = 250;
    // アイコンをクリック
    $("button").click(function(){
        // bodyの子要素のmargin-leftを、それぞれ変数disの値だけ増やす
        $("body").children().animate({"margin-left" : "+=" +
        dis + "px"}, 200);

        // disに-1を掛ける
        dis *= -1;
    });
});
```

ナビゲーションの開閉ができるようになれば完成です。

POINT

- 似たようなコードが並ぶときは、より効率的な書き方を考えてみる
- 同じ親要素を持つ要素を同時に動かすときは、children() メソッドを使うと効率が良い
- アニメーションの移動距離に -1 を掛ければ方向の反転ができる

Chapter 06
LESSON 24

jQueryのサンプル制作：Level 4

スクロールによるヘッダーのリサイズ

ブラウザを下にスクロールすると、サイズが縮小されてコンパクトになるヘッダーメニューを作成します。スクロールの判定とCSSスタイル変更の組み合わせです。

サンプルファイルはこちら 

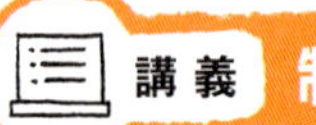

講義 制作準備

完成形の確認

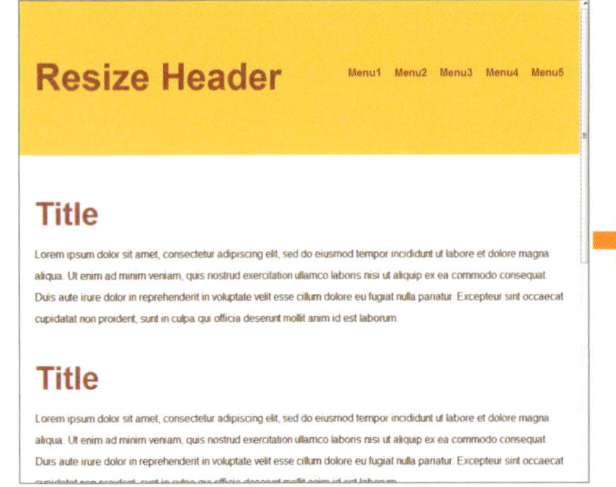

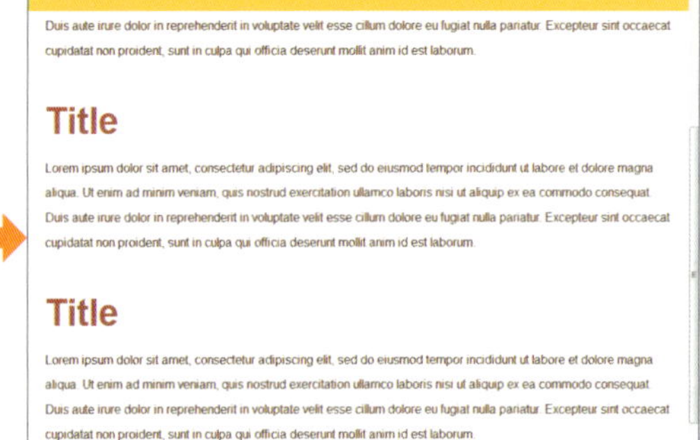

ブラウザを下へスクロールすると、大きかったヘッダー部分が小さくなります。

必要な構成

今回は大小２つのスタイルを事前にCSSで用意しておき、それらをjQueryで測定したブラウザのスクロール量に応じて切り替えることによって、リサイズ機能を実装します。

	構成	jQuery	JavaScript
1	ブラウザをスクロールする	scroll()	
2	スクロール量に応じてヘッダーのスタイルを変更する	scrollTop() / addClass() / removeClass()	if文

HTMLとCSSの確認

HTMLの確認

HTML index.html

```
<header>
  <h1>Resize Header</h1>
  <nav>
    <ul>
      <li><a href="#">Menu1</a></li>
      <li><a href="#">Menu2</a></li>
      <li><a href="#">Menu3</a></li>
      <li><a href="#">Menu4</a></li>
      <li><a href="#">Menu5</a></li>
    </ul>
  </nav>
</header>
<main>
  <!-- 省略 -->
</main>
```

header要素にサイトタイトルとナビゲーションが入っている構造です。サイトタイトルはh1要素、ナビゲーションはnav要素です。

CSSの確認

スクロールの前と後、２種類のヘッダーのスタイルをあらかじめ用意しておきます。今回はスクロール前のセレクタをheader、スクロール後をheader.smallとします。

● 2種類のスタイルを用意

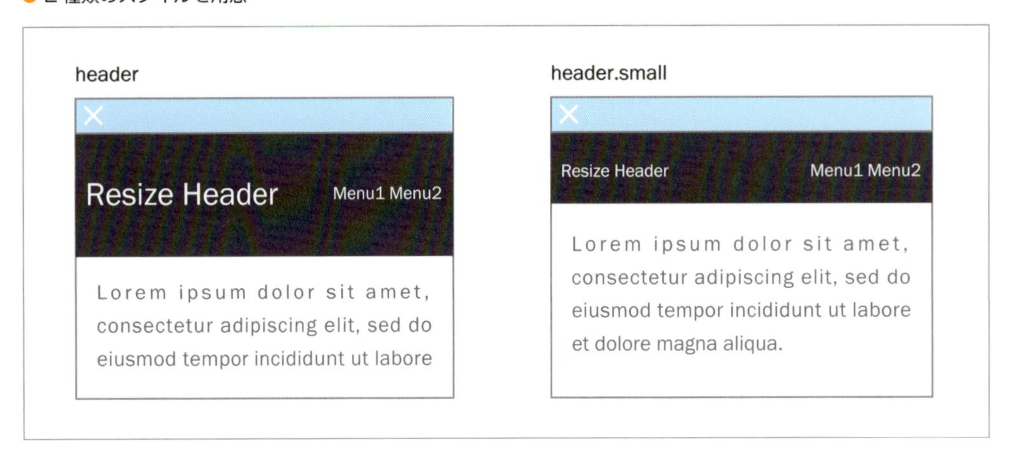

まずは、スクロール前の大きなヘッダーに関するスタイルです。

h1要素とnav要素にはtransitionプロパティを設定しておき、スクロール時にアニメーション移動させます。h1要素はpaddingとfont-sizeプロパティが、nav要素はtopプロパティがそれぞれ0.3秒で変わるようになっています。

> **Memo** transitionプロパティはIE10以降の対応です。それ以前のIEでは2つのスタイルがアニメーションなしで切り替わります。

CSS style.css

```
/* ヘッダー部分（スクロール前）*/
header h1{
	color:#AB4F50;
	padding:90px 25px;
	font-size:3.5em;
	font-weight:normal;
	transition: padding .3s, font-size .3s;
}

header nav{
	position:absolute;
	top:105px;
	right:25px;
	transition: top .3s;
}
```

次は、スクロール後のコンパクトなヘッダーに関するスタイルです。

h1要素はスクロール前より上下のパディングを狭く、フォントサイズを小さくします。nav要素はtopプロパティの値を小さくして、位置を上へ引き上げます。

```
/* ヘッダー部分（スクロール後）*/
header.small h1{
    padding:25px;
    font-size:1.5em;
}

header.small nav{
    top:30px;
}
```

【index.html】

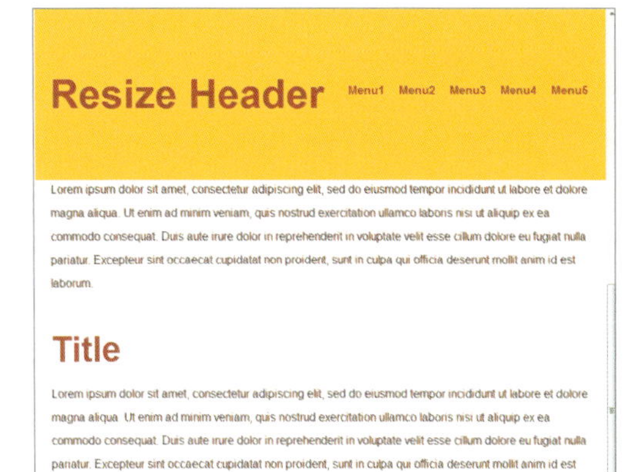

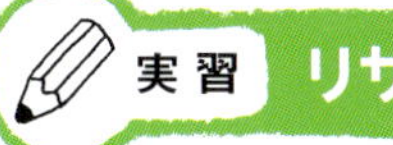

実習 リサイズヘッダーの制作

1 ブラウザをスクロールする

ブラウザのスクロール時に処理を行わせるには、windowをセレクタにして、scroll()メソッドを使用します。

JS script.js

```
$(function(){
    // ブラウザをスクロール
    $(window).scroll(function(){
        // スクロール時の処理
    });
});
```

スクロールされたタイミングで、スクロールの量を取得します。スクロール量の取得には scrollTop() メソッドを使用します。

JS script.js

```
$(function(){
    // ブラウザをスクロール
    $(window).scroll(function(){
            // スクロール量を取得
            $(window).scrollTop();
    });
});
```

2 スクロール量に応じてヘッダーのスタイルを変更する

今回はスクロール量が 300px を超えた時点でヘッダーを小さくします。

スタイルは header.small としてすでに用意してありますので、if 文を使って条件式「スクロール量が 300px 以上」を満たせば header 要素に small クラスが追加されるようにします。

JS script.js

```
$(function(){
    // ブラウザをスクロール
    $(window).scroll(function(){
            // スクロール量が300pxを超えているかチェック
            if($(window).scrollTop() > 300){
                // 超えている場合：header要素にsmallクラスを追加
                $("header").addClass("small");
            }
    });
});
```

【index.html】

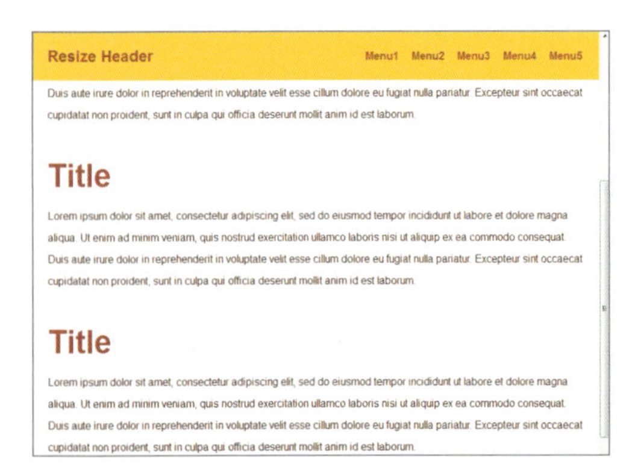

小さいヘッダーに切り替わるようになりましたが、現状ではブラウザを再び上へスクロールさせても元のヘッダーに戻りません。そこで else 文を追加し、スクロール量が 300px 以下の場合は small クラスを削除して大きなヘッダーになるようにします。クラスの削除には removeClass() メソッドを使用します。

JS script.js

```
$(function(){
    // ブラウザをスクロール
    $(window).scroll(function(){
            // スクロール量が300pxを超えているかチェック
            if($(window).scrollTop() > 300){
                // 超えている場合：header要素にsmallクラスを追加
                $("header").addClass("small");
            }else{
                // 超えていない場合：header要素からsmallクラスを削除
                $("header").removeClass("small");
            }
    });
});
```

スクロール量 300px を境界に、ヘッダーのサイズが切り替わるようになれば完成です。

【index.html】

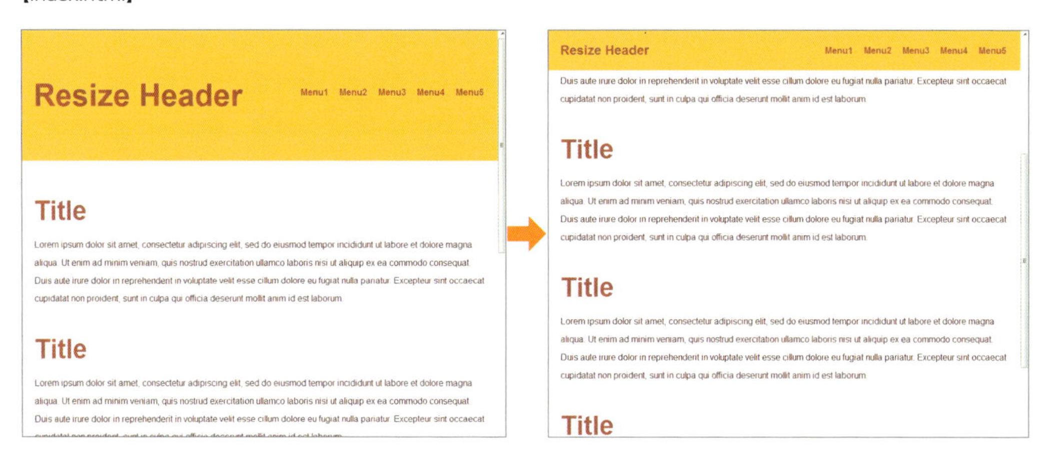

POINT

- スクロール時に追加・削除するクラスのスタイルを CSS で用意しておく
- scroll() メソッドでブラウザ画面スクロール時に処理を実行する
- scrollTop() メソッドでスクロール量を取得し、if 文の判定でクラスの追加・削除を行う

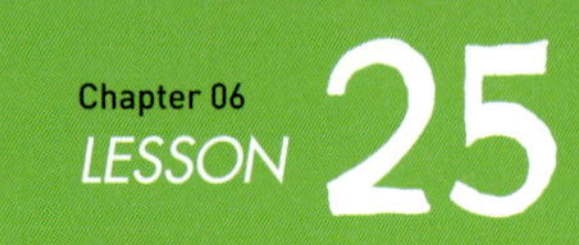

jQueryのサンプル制作：Level 4

ブラウザ上部に固定されるヘッダー

ブラウザを下にスクロールしても、画面上部に貼りつくヘッダーを作成します。スティッキーヘッダーとも呼ばれるナビゲーションで、コンテンツ量の多いページに効果的です。

講義 制作準備

完成形の確認

ブラウザ画面を下にスクロールすると、ナビゲーションメニュー部分が画面上部に残ります。分量が多いコンテンツでもすぐにメニューにアクセスできるUIです。

必要な構成

ブラウザのスクロール操作を判定し、スクロール量に応じて随時ナビゲーション（nav 要素）の位置を決定するようにします。

	構成	jQuery	JavaScript
1	ブラウザのスクロール量を取得する	offset() / scroll() / scrollTop()	
2	スクロール量に応じてヘッダー位置を変更する	css()	if文

HTMLとCSSの確認

サイトタイトルの下にnav 要素でナビゲーションが並んでいます。

HTML index.html

```
<header>
  <h1>Sticky Header</h1>
</header>
<nav>
  <ul>
    <li><a href="#">Menu1</a></li>
    <li><a href="#">Menu2</a></li>
    <li><a href="#">Menu3</a></li>
    <li><a href="#">Menu4</a></li>
    <li><a href="#">Menu5</a></li>
  </ul>
</nav>
<main>
  <!-- 省略 -->
</main>
```

CSS style.css

```
nav{
    width:100%;
    top:0;
    left:0;
}
```

一定スクロール量を超えた場合、nav 要素にposition:fixedを付加することでナビゲーションを固定します。ブラウザ左上に固定したいので、その座標指定（top:0、left:0）のみ、CSSで先に設定しておきます。

初期状態では、ナビゲーションはスクロールに応じて隠れてしまいます。

【index.html】

Title

Lorem ipsum dolor sit amet, consectetur adipiscing elit, sed do eiusmod tempor incididunt ut labore et dolore magna aliqua. Ut enim ad minim veniam, quis nostrud exercitation ullamco laboris nisi ut aliquip ex ea commodo consequat. Duis aute irure dolor in reprehenderit in voluptate velit esse cillum dolore eu fugiat nulla pariatur. Excepteur sint occaecat cupidatat non proident, sunt in culpa qui officia deserunt mollit anim id est laborum.

Title

Lorem ipsum dolor sit amet, consectetur adipiscing elit, sed do eiusmod tempor incididunt ut labore et dolore magna aliqua. Ut enim ad minim veniam, quis nostrud exercitation ullamco laboris nisi ut aliquip ex ea commodo consequat. Duis aute irure dolor in reprehenderit in voluptate velit esse cillum dolore eu fugiat nulla pariatur. Excepteur sint occaecat cupidatat non proident, sunt in culpa qui officia deserunt mollit anim id est laborum.

Title

Lorem ipsum dolor sit amet, consectetur adipiscing elit, sed do eiusmod tempor incididunt ut labore et dolore magna aliqua. Ut enim ad minim veniam, quis nostrud exercitation ullamco laboris nisi ut aliquip ex ea commodo consequat. Duis aute irure dolor in reprehenderit in voluptate velit esse cillum dolore eu fugiat nulla pariatur. Excepteur sint occaecat cupidatat non proident, sunt in culpa qui officia deserunt mollit anim id est laborum.

実習 ヘッダーの制作

1 ブラウザのスクロール量を取得する

最初に nav 要素の初期位置を調べ、変数 navPos に代入しておきます。位置の取得には offset() メソッドを使用します。今回は縦位置が必要なので、offset().top になります。

JS script.js

```
$(function(){
	// 変数navPosに、nav要素の初期位置を代入
	var navPos = $("nav").offset().top;
});
```

次に scroll() メソッドと scrollTop() メソッドを使用して、ブラウザのスクロール量を調べます。

JS script.js

```
$(function(){
	// 変数navPosに、nav要素の初期位置を代入
	var navPos = $("nav").offset().top;

	// ブラウザをスクロール
	$(window).scroll(function(){
		// スクロール量を取得
		$(window).scrollTop();
	});
});
```

2 スクロール量に応じてヘッダー位置を変更する

スクロールしたときにブラウザ画面上部にメニューを残すようにするには、メニューの初期位置を超えてスクロールしたときに、メニューを上部に固定するという処理を行えばよいことになります。逆に、スクロール量がメニューの初期位置に満たない場合は、通常の状態のままにしておく必要があります。

・「スクロール量 > nav 要素の初期位置」であれば nav 要素を position:fixed でブラウザ上部に固定
・「スクロール量 < nav 要素の初期位置」であれば nav 要素を position:static（通常の状態）にする

●ブラウザ上部に固定する条件

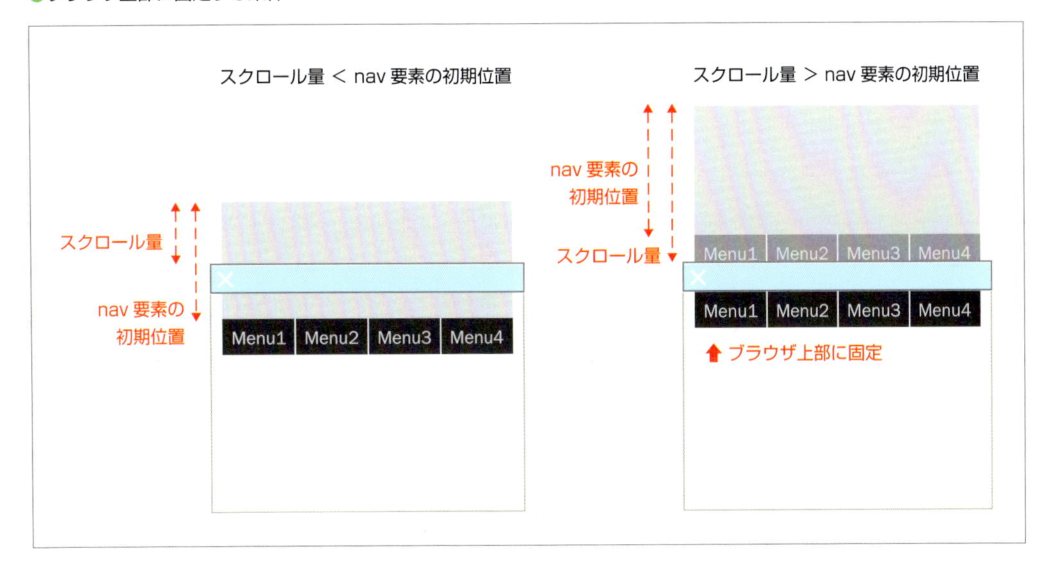

この条件を if 文にしてみます。

JS script.js

```
$(function(){
	// 変数navPosに、nav要素の初期位置を代入
	var navPos = $("nav").offset().top;

	// ブラウザをスクロール
	$(window).scroll(function(){
		// スクロール量とnav要素の初期位置を比較
		if($(window).scrollTop() > navPos){
			// 条件を満たした場合：nav要素をブラウザ上部に固定
			$("nav").css("position", "fixed");
		}
	});
});
```

ブラウザをスクロールして動作を確認してみましょう。現状では一度固定されると、スクロールを戻しても nav 要素が上部に張り付いたままになります。

【index.html】

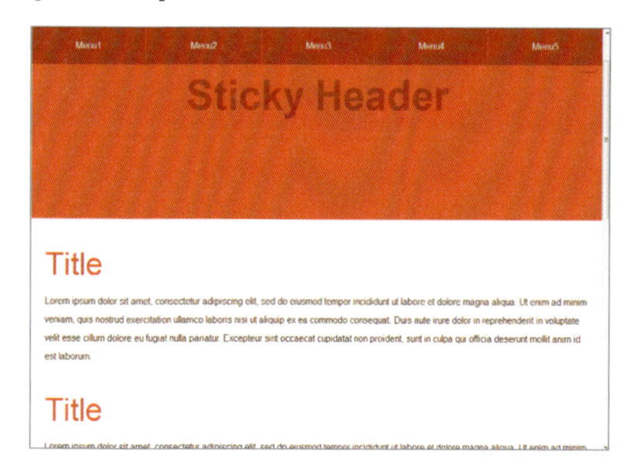

そこで else 文を追加して、条件を満たさない場合は nav 要素の position プロパティを static に戻します。

JS script.js

```
$(function(){
	// 変数navPosに、nav要素の初期位置を代入
	var navPos = $("nav").offset().top;

	// ブラウザをスクロール
	$(window).scroll(function(){
		// スクロール量とnav要素の初期位置を比較
		if($(window).scrollTop() > navPos){
			// 条件を満たした場合：nav要素をブラウザ上部に固定
			$("nav").css("position", "fixed");
		}else{
			// 満たさない場合：nav要素を通常の配置にする
			$("nav").css("position", "static");
		}
	});
});
```

条件に合わせてヘッダー位置が切り替わるようになれば完成です。

POINT

- メニューの初期位置を取得し、スクロール量と比較する
- スクロール量がメニューの位置を超えた場合に、スタイルを変更して位置を固定する
- スクロール量を元に戻したときは通常のメニュー位置に戻す

Chapter 06

LESSON 26

jQueryのサンプル制作：Level 4

メニューのハイライト

表示しているコンテンツに合わせて、メニュー部分の対応項目がハイライトされるページを作成します。ページのどこを読んでいるのかがわかりやすくなります。

制作準備

完成形の確認

画面をスクロールしていくと、表示されているコンテンツに合わせて、ナビゲーションメニューの項目が強調されます。

必要な構成

画面のスクロールを判定し、表示されているコンテンツが何番目のsection要素か判断します。続いてそのコンテンツに対応するナビゲーションをハイライトします。

	構成	jQuery	JavaScript
1	ブラウザをスクロールする	scroll() / scrollTop() / offset()	
2	ナビゲーションをハイライトする	removeClass() / addClass()	for文 / if文

HTMLとCSSの確認

HTML index.html

```
<header>
  <h1>Highlight Menu</h1>
  <nav>
    <ul>
      <li class="current"><a href="#">Section1</a></li>
      <li><a href="#">Section2</a></li>
      <li><a href="#">Section3</a></li>
      <li><a href="#">Section4</a></li>
    </ul>
  </nav>
</header>
<main>
  <section><!-- Section1の内容 --></section>
  <section><!-- Section2の内容 --></section>
  <section><!-- Section3の内容 --></section>
  <section><!-- Section4の内容 --></section>
</main>
```

ナビゲーション全体はul要素、各コンテンツはsection要素になっています。
ハイライト中のナビゲーションにはcurrentクラスを付けます。最初は1番目に付いています。

CSS style.css

```
/* ヘッダー部分 */
header{
     position:fixed;
     width:250px;
     background:#ECC23D;
}
```

サイトタイトルとナビゲーションを含むheader要素は、position:fixedを指定して常にページ上部に表示されるようにしています。

【index.html】

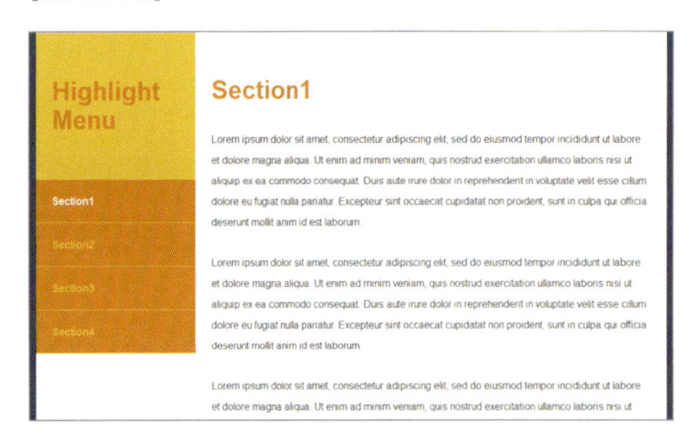

実習 ハイライトメニューの制作

1 ブラウザをスクロールする

ブラウザのスクロールには scroll() メソッドを使用します。

JS script.js

```
$(function(){
	// ブラウザをスクロール
	$(window).scroll(function(){
		// スクロール時の処理
	});
});
```

次に現在表示されているコンテンツを調べます。
「表示されているコンテンツ」とは「縦位置がスクロール量と同等もしくはそれ以下のコンテンツ」になります。
候補が複数ある場合は最も下部にあるコンテンツになります。

● 表示コンテンツの判定

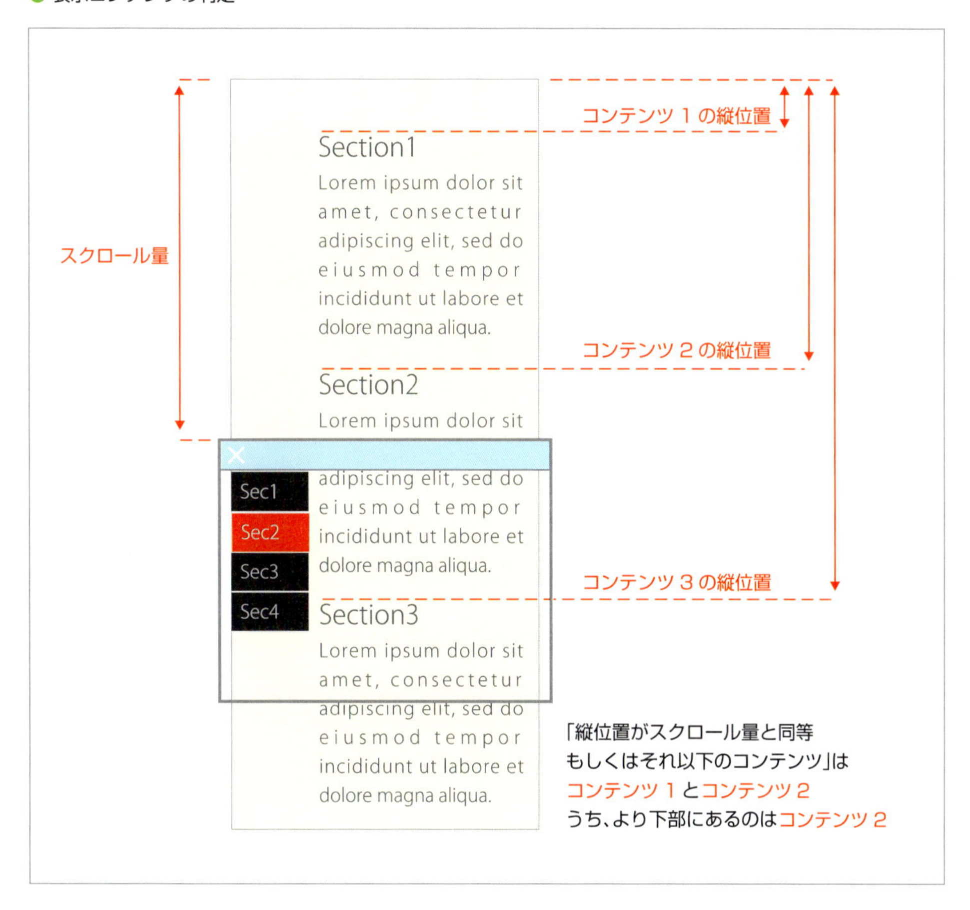

これを if 文にします。
要素の縦位置は offset() メソッド、スクロール量は scrollTop() メソッドでそれぞれ取得します。

```
if($(各コンテンツ).offset().top < $(window).scrollTop()){
        // 条件を満たした場合の処理
}
```

これに for 文を合わせ、4 つのコンテンツに対して順に if 文を検討していきます。
if 文の条件を満たした i 番目の section 要素（section:nth-child(i)）が、現在表示されているコンテンツになります。

JS script.js

```
$(function(){
	// ブラウザをスクロール
	$(window).scroll(function(){
		// 各コンテンツ位置とスクロール量の関係を調べる
		for(var i = 1; i <= 4; i++){
			if($("section:nth-child(" + i + ")").offset()
			.top < $(window).scrollTop()){
				// 条件を満たした場合の処理
			}
		}
	});
});
```

2 ナビゲーションをハイライトする

表示されているコンテンツに対応するナビゲーションをハイライト表示させます。ハイライトはli要素のcurrentクラスで実現しているので、これを移動させます。

まずは現在付いているcurrentクラスを削除し、その後新しくcurrentクラスを追加します。

JS script.js

```
$(function(){
	// ブラウザをスクロール
	$(window).scroll(function(){
		// 各コンテンツ位置とスクロール量の関係を調べる
		for(var i = 1; i <= 4; i++){
			if($("section:nth-child(" + i + ")").offset().
			top < $(window).scrollTop()){
				// 現在のcurrentクラスを削除
				$("nav li").removeClass("current");

				// 新しくcurrentクラスを追加
				$("nav li:nth-child(" + i + ")")
				.addClass("current");
			}
		}
	});
});
```

動作を確認してみましょう。

現状では切り替えのタイミングがブラウザの画面上ギリギリに設定されているので、もう300px下にして少し余裕を持たせます。

【index.html】

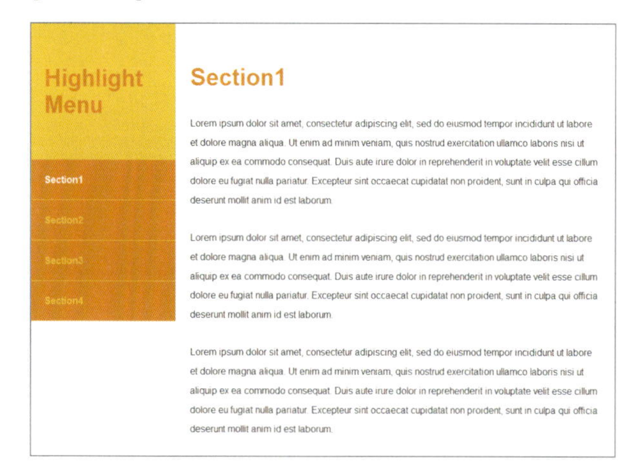

●切り替え位置の調整

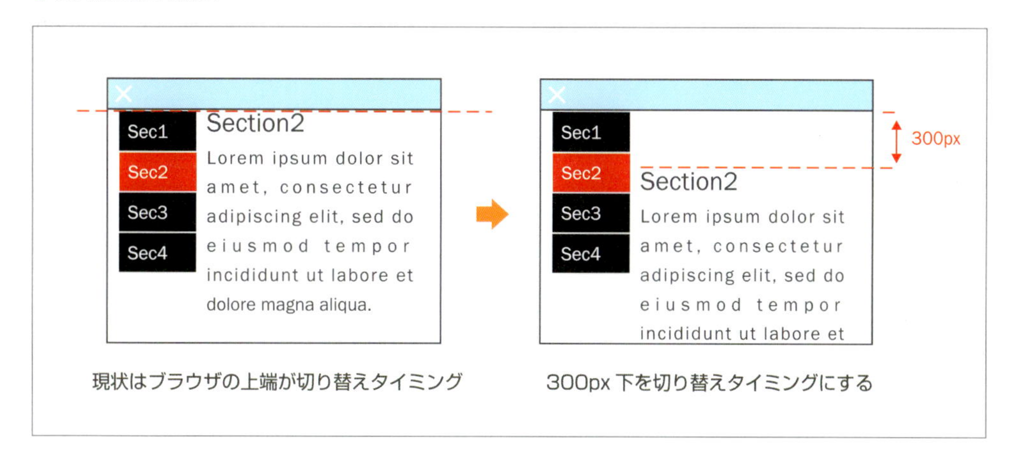

if 文の条件を下記のように 300 足したものに変更します。

JS　script.js

```
$(function(){
    // ブラウザをスクロール
    $(window).scroll(function(){
        // 各コンテンツ位置とスクロール量の関係を調べる
        for(var i = 1; i <= 4; i++){
            if($("section:nth-child(" + i + ")").offset()
            .top < $(window).scrollTop() + 300){
                // 現在の current クラスを削除
                $("nav li").removeClass("current");

                // 新しく current クラスを追加
                $("nav li:nth-child(" + i + ")")
                .addClass("current");
            }
        }
    });
});
```

【index.html】

ブラウザをスクロールしてナビゲーションのハイライトが順に切り替わるようになれば完成です。

POINT

- **for 文を使って 1 つずつ要素の位置を判定する**
- **クラスを追加・削除してハイライト項目を移動する**

Chapter 07

jQueryのサンプル制作：Level 5

最後の章では、より複雑な構成のサンプルを扱います。各種メソッドや構文が出てきますが、これまでの学習で学んだ知識を生かしてチャレンジしてみてください。

Chapter 07
LESSON 27

jQueryのサンプル制作：Level 5

スライドショー（横スクロール）

スクロールによるスライドショーを作成します。画像はボタンでの切り替えのほか、一定時間経過でも切り替わるようになっています。

講義 制作準備

完成形の確認

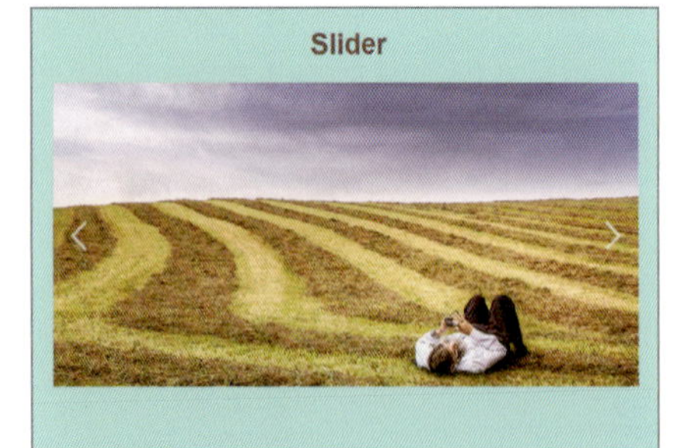

一定間隔で自動的に画像が切り替わるスライドショーパーツです。

必要な構成

自動的にスライドするようにしたいので、一定時間の経過ごとに処理を実行できるタイマーを作り、そこにスライド処理を組み込みます。また、ボタンクリックで任意のタイミングでスクロールできるようにもしましょう。

	構成	jQuery	JavaScript
1	スライドの順番と位置を調整する	prepend() / css()	
2	タイマーを開始する		setInterval() メソッド
3	一定時間ごとにスライドを移動させる	animate() / append() / prepend() / css()	if文
4	ボタンで画像が選択できるようにする	click()	clearInterval() メソッド

HTMLとCSSの確認

HTMLの確認

HTML index.html

```
<div id="slide">
  <ul>
    <li><img src="img/img1.jpg" width="1000" height="500" alt="img1"></li>
    <li><img src="img/img2.jpg" width="1000" height="500" alt="img2"></li>
    <li><img src="img/img3.jpg" width="1000" height="500" alt="img3"></li>
  </ul>
  <button id="prevBtn"><img src="img/prev.png" width="29" height="50"
  alt="Prev"></button>
  <button id="nextBtn"><img src="img/next.png" width="29" height="50"
  alt="Next"></button>
</div>
```

スライド部分はid属性「slide」を設定しています。対象となる画像がli要素の中に3枚入っています。#prevBtnはスライドを前へ戻すボタン、#nextBtnは次へ進めるためのボタンです。

CSSの確認

CSS style.css

```
/* スライド部分 */
#slide{
     position:relative;
     overflow:hidden;
     height:500px;
}

#slide ul{
     position:absolute;
     width:3000px;
}
```

```
#slide li{
      float:left;
      width:1000px;
      list-style-type:none;
}
```

#slideにはposition:relativeを設定します。その子要素である#slide ulにはposition:absoluteを設定し、#slideの左上を基準にした位置設定ができるようにしておきます。画像部分の#slide ul liはfloat:leftで横並びになっていますが、#slideにoverflow:hiddenが設定されているため、はみ出た2枚目、3枚目の画像は表示されません。

● #slideとul要素、li要素の配置関係

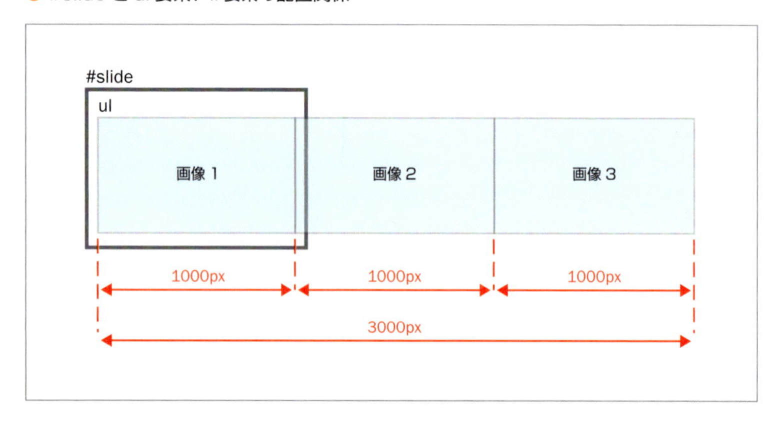

#prevBtn（前へ戻るボタン）、#nextBtn（次へ進むボタン）もposition:absoluteを使用して、スライドの上に絶対配置をしています。

CSS style.css

```
/* ボタン部分 */
#prevBtn{
      position:absolute;
      top:225px;
      left:20px;
}

#nextBtn{
      position:absolute;
      top:225px;
      right:20px;
}
```

【index.html】

実習 スライドショーの制作

1 スライドの順番と位置を調整する

始めに必要な変数を用意します。

JS script.js

```
$(function(){
    // スクロールの方向　-1の時には左、1の時には右
    var dir = -1;

    // スクロールのインターバル(何秒ごとにスクロールさせるか。3000ミリ秒に設定)
    var interval = 3000;

    // スクロールのスピード(700ミリ秒に設定)
    var duration = 700;

    // タイマー用の変数
    var timer;
});
```

現時点では、スライドには一番左の画像 1 が表示されており、右側に画像 2、画像 3 が存在します。この状態では左方向にしかスライドできません。左右どちらにもスクロールできるようにするには左にも画像があればよいので、#slide ul li の順番と #slide ul の位置を調整して、画像 3、画像 1、画像 2 の順番に並ぶようにします。

●スライダーの順番と位置の入れ替え

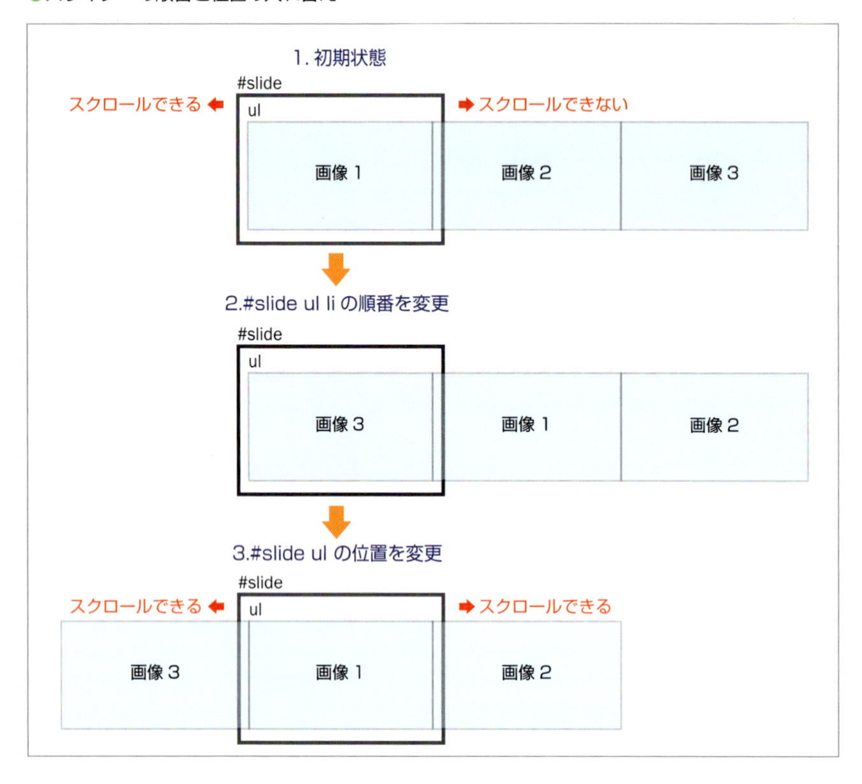

まずは #slide ul li の順番変更から行います。

prepend() メソッドを使用して、リストの順番を「img1、img2、img3」から「img3、img1、img2」へ変更します。

JS script.js

```
$(function(){
    // スクロールの方向 -1の時には左、1の時には右
    var dir = -1;

    // スクロールのインターバル(何秒ごとにスクロールさせるか。3000ミリ秒に設定)
    var interval = 3000;

    // スクロールのスピード(700ミリ秒に設定)
    var duration = 700;

    // タイマー用の変数
    var timer;

    // リストの順番を変更 (3番目を1番最初にする)
    $("#slide ul").prepend($("#slide li:last-child"));
});
```

続いて #slide ul の位置変更です。画像 1 枚分（1000px）左へずらします。

JS script.js

```
$(function(){
    // スクロールの方向  -1の時には左、1の時には右
    var dir = -1;

    // スクロールのインターバル(何秒ごとにスクロールさせるか。3000ミリ秒に設定)
    var interval = 3000;

    // スクロールのスピード(700ミリ秒に設定)
    var duration = 700;

    // タイマー用の変数
    var timer;

    // リストの順番を変更（3番目を1番最初にする）
    $("#slide ul").prepend($("#slide li:last-child"));

    // リストの位置を変更（画像1枚分ずらす）
    $("#slide ul").css("left", -1000);
});
```

これで準備が整いました。

2 タイマーを開始する

次は一定間隔でスライドを実行するためのタイマーを作成します。

タイマーは setInterval() メソッドで作成し、実行する関数名は slideTimer とします。間隔は 3000 ミリ秒（変数 interval の値）です。

Memo setInterval() メソッド （p.066 参照）

JS script.js

```
$(function(){
    /* 省略 */

    // リストの順番を変更（3番目を1番最初にする）
    $("#slide ul").prepend($("#slide li:last-child"));

    // リストの位置を変更（画像1枚分ずらす）
    $("#slide ul").css("left", -1000);

    // 3000ミリ秒（変数intervalの値）ごとにslideTimer()関数を実行
    timer = setInterval(slideTimer, interval);
```

```
	// slideTimer()関数
	function slideTimer(){
		// 関数の中身
	}
});
```

3 一定時間ごとにスライドを移動させる

slideTimer() 関数が実行されるたびに、#slide ul を 1000px（画像 1 枚分）左へスクロール移動させます。移動には animate() メソッドを使用します。スクロールのスピードは 700 ミリ秒（変数 duration の値）に設定します。

JS script.js

```
$(function(){
	/* 省略 */

	// リストの順番を変更（3番目を1番最初にする）
	$("#slide ul").prepend($("#slide li:last-child"));

	// リストの位置を変更（画像1枚分ずらす）
	$("#slide ul").css("left", -1000);

	// 3000ミリ秒（変数intervalの値）ごとにslideTimer()関数を実行
	timer = setInterval(slideTimer, interval);

	// slideTimer()関数
	function slideTimer(){
		// 画像1枚分左へスクロール
		$("#slide ul").animate({"left" : "-=1000px" }, duration);
	}
});
```

最初のスクロールが完了すると、画像の位置関係は次の図のようになるはずです。

●スライダー完了後の位置

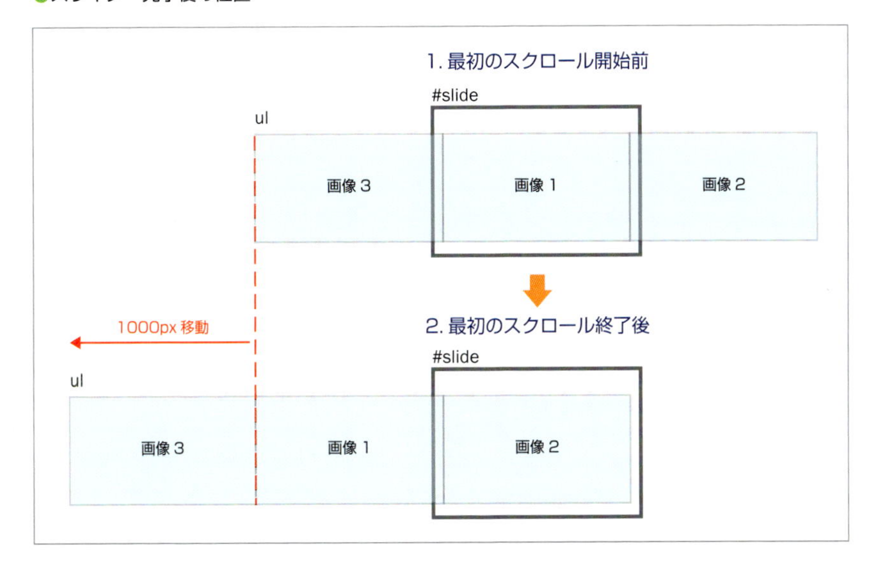

このままではもう 1 度左スクロールすることができないので、再びリストの順番と位置を調整します。

●スライダーの順番と位置の入れ替え

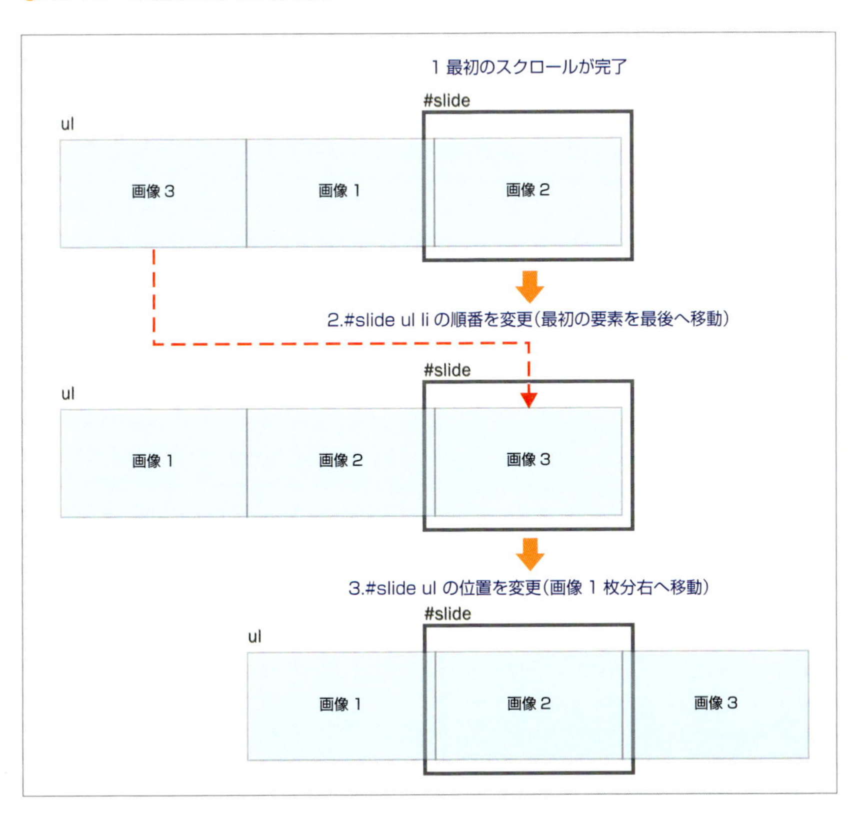

これをスクリプトにすると、下記のようになります。

スクロール移動が完了してから処理を行いたいので、animate() メソッドに無名関数を加えてそれぞれ実行させます。

JS script.js

```
$(function(){
	/* 省略 */

	// リストの順番を変更（3番目を1番最初にする）
	$("#slide ul").prepend($("#slide li:last-child"));

	// リストの位置を変更（画像1枚分ずらす）
	$("#slide ul").css("left", -1000);

	// 3000ミリ秒（変数intervalの値）ごとにslideTimer()関数を実行
	timer = setInterval(slideTimer, interval);

	// slideTimer()関数
	function slideTimer(){
		// 画像1枚分左へスクロール
		$("#slide ul").animate({"left" : "-=1000px" }, duration,
		function(){
			// リストの順番を変更
			$(this).append($("#slide li:first-child"));

			// リストの位置を変更
			$(this).css("left", -1000);
		});
	}
});
```

ここまでの作業でタイマーによる自動スクロールが完成です。

【index.html】

4 ボタンで画像が選択できるようにする

タイマーだけでなく、ユーザーがボタンを押した場合もスクロールできるようにします。

スクロールの方向は変数 dir の値で判断します。変数 dir の値を、#prevBtn がクリックされた時は -1（左スクロール）、#nextBtn の時には 1（右スクロール）にして方向を切り替えます。

JS script.js

```
$(function(){
    /* 省略 */

    // slideTimer()関数
    function slideTimer(){
        /* 省略 */
    }

    // 前へ戻るボタン
    $("#prevBtn").click(function(){
        // スクロール方向の切り替え（右）
        dir = 1;
    });

    // 次へ進むボタン
    $("#nextBtn").click(function(){
        // スクロール方向の切り替え（左）
        dir = -1;
    });
});
```

このとき、自動スライド用のタイマーは常に回っているので、ボタンクリック時にタイマーを一度停止して再スタートさせます。slideTimer() 関数が実行されればスライドで画像が切り替わりますが、再スタートしたタイマーが最初の 3000 ミリ秒を迎えるまで slideTimer() 関数は実行されないので、初回のみ別途 slideTimer() 関数を呼び出して実行します。

JS script.js

```
$(function(){
    /* 省略 */

    // 前へ戻るボタン
    $("#prevBtn").click(function(){
        // スクロール方向の切り替え（右）
        dir = 1;
```

```
        // タイマーを停止して再スタート
        clearInterval(timer);
        timer = setInterval(slideTimer, interval);

        // 初回の関数実行
        slideTimer();
    });

    // 次へ進むボタン
    $("#nextBtn").click(function(){
        // スクロール方向の切り替え（左）
        dir = -1;

        // タイマーを停止して再スタート
        clearInterval(timer);
        timer = setInterval(slideTimer, interval);

        // 初回の関数実行
        slideTimer();
    });
});
```

最後に slideTimer() 関数の中身を変更して左右どちらのスクロールにも対応できるようにします。変数 dir の値を条件とした if 文を作成してスクロール方向を判断します。

JS script.js

```
$(function(){
    /* 省略 */

    // slideTimer()関数
    function slideTimer(){
        // スクロール方向の判断
        if(dir == -1){
            // 画像1枚分左へスクロール
            $("#slide ul").animate({"left" : "-=1000px" },
            duration, function(){
                // リストの順番を変更
                $(this).append($("#slide li:first-child"));

                // リストの位置を変更
                $(this).css("left", -1000);
            });
        }else{
            // 画像1枚分右へスクロール
        }
    }

    /* 省略 */
});
```

左スクロールのスクリプトを応用して、右スクロール用のスクリプトを作成します。
右スクロールでは、リストの順番と位置の考え方が次のように変わります。

●右スクロールの場合

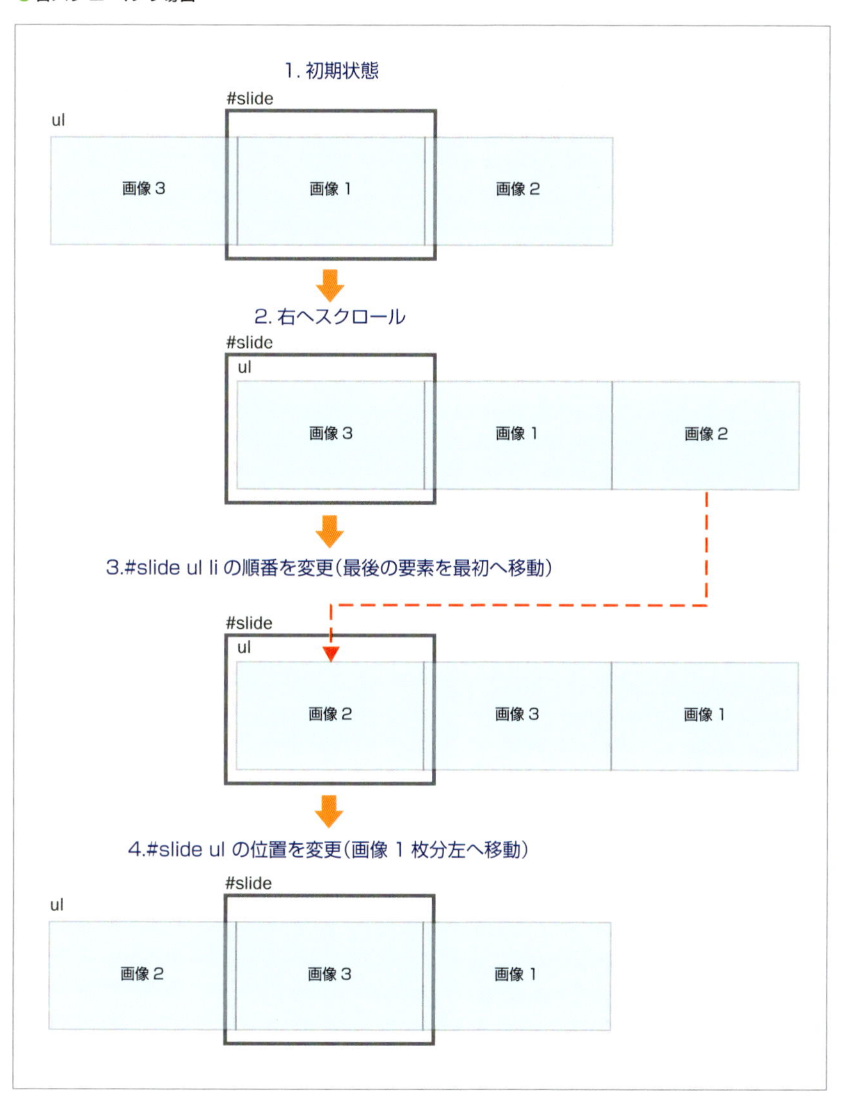

これをスクリプトにします。
スクロール完了後はまた左へ自動スクロールさせるため、変数 dir の値を -1 に戻しておきます。

JS script.js

```
$(function(){
    /* 省略 */

    // slideTimer()関数
    function slideTimer(){
        // スクロール方向の判断
        if(dir == -1){
            // 画像1枚分左へスクロール
            $("#slide ul").animate({"left" : "-=1000px" },
            duration, function(){
                // リストの順番を変更
                $(this).append($("#slide li:first-child"));

                // リストの位置を変更
                $(this).css("left", -1000);
            });
        }else{
            // 画像1枚分右へスクロール
            $("#slide ul").animate({"left" : "+=1000px" },
            duration, function(){
                // リストの順番を変更
                $(this).prepend($("#slide li:last-child"));

                // リストの位置を変更
                $(this).css("left", -1000);

                // 左方向へリセット
                dir = -1;
            });
        }
    }

    /* 省略 */
});
```

タイマー（左スクロール）とボタン（左右のスクロール）の両方でスライドが動作するようになれば完成です。

【index.html】

POINT

- setInterval() メソッドでタイマーを作る
- prepend() メソッドで要素の順番を入れ替える
- クリックに応じて向きを反転する

Chapter 07
LESSON 28

jQueryのサンプル制作：Level 5

スライドショー（フェードイン／アウト）

前のLESSONと同じくスライドショーですが、こちらはフェードイン／アウトで表示が切り替わるスライドショーです。

講義 制作準備

完成形の確認

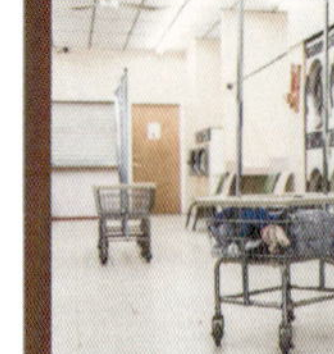

LESSON27と同様に画像のスライドショーですが、スライドアニメーションではなく、フェードイン／フェードアウトで切り替わります。

必要な構成

LESSON27と同じようにタイマーとマウスクリックを使って切り替えられるようにしますが、画像の切り替え方が異なります。

	構成	jQuery	JavaScript
1	画像を準備する	hide()	
2	タイマーを開始する		setInterval()メソッド
3	一定時間ごとに画像のフェードイン／アウトを行う	fadeOut() / fadeIn()	if文
4	ボタンで画像が選択できるようにする	click() / html()	clearInterval()メソッド
5	ボタンのスタイルを変更する	removeClass() / addClass()	

HTMLとCSSの確認

▶HTMLの確認

HTML index.html

```
<div id="slide">
  <ul>
    <li><img src="img/img1.jpg" width="1000" height="500" alt="img1"></li>
    <li><img src="img/img2.jpg" width="1000" height="500" alt="img2"></li>
    <li><img src="img/img3.jpg" width="1000" height="500" alt="img3"></li>
  </ul>
</div>
<div id="button">
  <ul>
    <li><a href="#" class="target">1</a></li>
    <li><a href="#">2</a></li>
    <li><a href="#">3</a></li>
  </ul>
</div>
```

スライド部分は#slideです。対象となる画像がli要素の中に3枚入っています。

ボタン部分は#buttonです。現在表示されている画像に紐づいているボタンには、targetクラスを付けてスタイルを変えます。

▶CSSの確認

まずはスライダー部分#slideの中を確認します。#slide ulにはposition:relative、画像が入っている#slide liにはposition:absoluteを設定し、li要素が上下に重なるようにしています。

CSS style.css

```
/* スライド部分 */
#slide ul{
	position:relative;
}

#slide li{
	position:absolute;
	width:100%;
}
```

●スライダー用画像を上下に重ねる

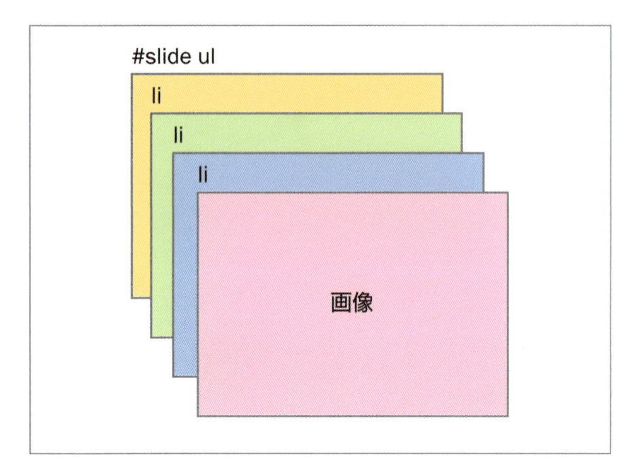

ボタン部分 #button li a にはそれぞれ数字が入っていますが、text-indent プロパティを使用してブラウザ上では表示されないようにしています。

CSS style.css

```
/* ボタン部分 */
#button ul li a{
	text-indent:-9999px;
	text-decoration:none;
	display:block;
	width:14px;
	height:14px;
	border-radius:7px;
	background:#A8DCDB;
}
```

【index.html】

実習 スライドショーの制作

1 画像を準備する

はじめに、必要な変数を用意します。

JS script.js

```
$(function(){
    // 画像の枚数
    var count = $("#slide li").length;

    // 現在表示されている画像（最初は1番目の画像）
    var current = 1;

    // 次に表示する画像
    var next = 2;

    // フェードイン／アウトのインターバル（何秒ごとに画像を切り替えるか。
    3000ミリ秒に設定）
    var interval = 3000;

    // フェードイン／アウトのスピード（500ミリ秒に設定）
    var duration = 500;

    // タイマー用の変数
    var timer;
});
```

変数countには写真の枚数を入れます。これは#slide liの数と同じなので「$("#slide li").length」で求めることができます。

> **Memo**
> countに数値の3を直接代入することもできますが、このような記述であれば、HTML側で画像の枚数が変更された場合にもスクリプト側を修正する必要がなくなります。

次に 1 番目の写真以外（#slide li:not(:first-child)）を全て非表示にします。hide() メソッドを使用します。

JS script.js

```
$(function(){
      // 画像の枚数
      var count = $("#slide li").length;

      // 現在表示されている画像(最初は1番目の画像)
      var current = 1;

      // 次に表示する画像
      var next = 2;

      // フェードイン／アウトのインターバル(何秒ごとに画像を切り替えるか。
      3000ミリ秒に設定)
      var interval = 3000;

      // フェードイン／アウトのスピード(00ミリ秒に設定)
      var duration = 500;

      // タイマー用の変数
      var timer;

      // 1番目の写真以外は非表示
      $("#slide li:not(:first-child)").hide();
});
```

2 タイマーを設定する

LESSON27 と同様、setInterval() メソッドを使用して、スライド用タイマーを作成します。
タイマーの間隔は 3000 ミリ秒（変数 interval の値)、実行する関数名は slideTimer とします。

JS script.js

```
$(function(){
      /* 省略 */

      // 1番目の写真以外は非表示
      $("#slide li:not(:first-child)").hide();

      // 3000ミリ秒（変数intervalの値）ごとにslideTimer()関数を実行
      timer = setInterval(slideTimer, interval);
```

```
    // slideTimer()関数
    function slideTimer(){
        // 関数の中身
    }
});
```


3 一定時間ごとに画像のフェードイン／アウトを行う

slideTimer()関数が実行されるたびに、現在表示されている画像をフェードアウトし、次に表示する画像をフェードインさせます。

それぞれfadeOut()、fadeIn()メソッドを使用します。フェードアウト／フェードインのスピードは500ミリ秒（変数durationの値）です。

例えば1番目の画像をフェードアウト、同時に2番目をフェードインさせるには次のようになります。

JS script.js

```
$(function(){
    /* 省略 */

    // slideTimer()関数
    function slideTimer(){
        // 現在の画像をフェードアウト
        $("#slide li:nth-child(1)").fadeOut(duration);

        // 次の画像をフェードイン
        $("#slide li:nth-child(2)").fadeIn(duration);
    }
});
```

これを変数current、および変数nextを使って書き換えます。

JS script.js

```
$(function(){
    /* 省略 */

    // slideTimer()関数
    function slideTimer(){
        // 現在の画像をフェードアウト
        $("#slide li:nth-child(" + current + ")").fadeOut(duration);

        // 次の画像をフェードイン
        $("#slide li:nth-child(" + next + ")").fadeIn(duration);
    }
});
```

これで、最初の画像の切り替えまでできます。正しく動作しているか確認してみましょう。

【index.html】

次は 2 番目の画像がフェードアウト、3 番目の画像がフェードインするように変数 current と変数 next の値を変更します。

変数 current は、変数 next の値に変更します。変数 next は、変数 current に 1 つプラスした値になります。

●変数 current と変数 next

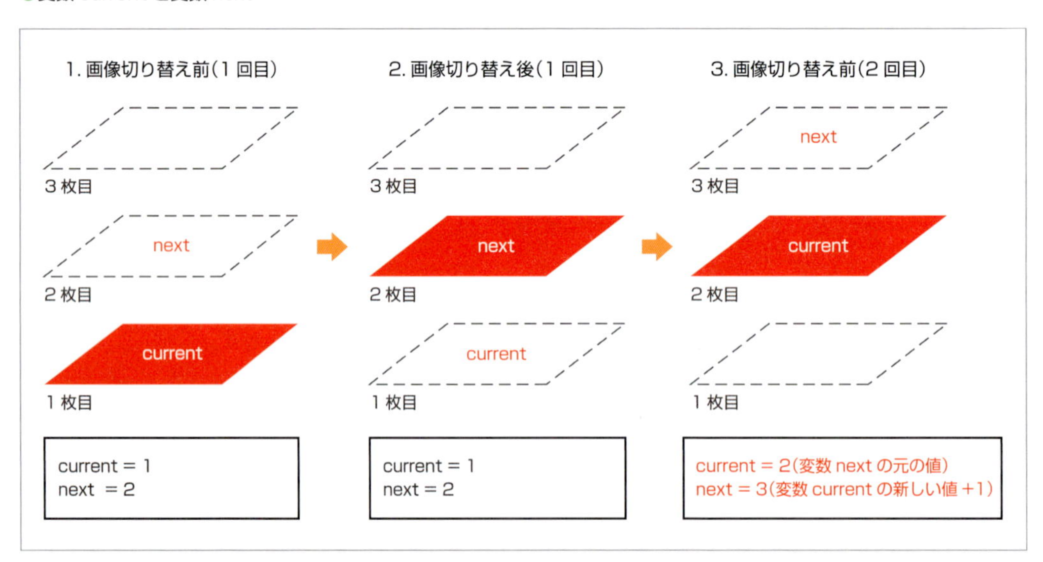

JS script.js

```
$(function(){
    /* 省略 */

    // slideTimer()関数
    function slideTimer(){
        // 現在の画像をフェードアウト
        $("#slide li:nth-child(" + current + ")").fadeOut(duration);

        // 次の画像をフェードイン
        $("#slide li:nth-child(" + next + ")").fadeIn(duration);

        // 変数currentの新しい値：変数nextの元の値
        current = next;

        // 変数nextの新しい値：変数currentの新しい値+1
        next = ++next;
    }
});
```

一方、画像3から画像1へ戻る時だけはルールが変わります。

●変数currentと変数next

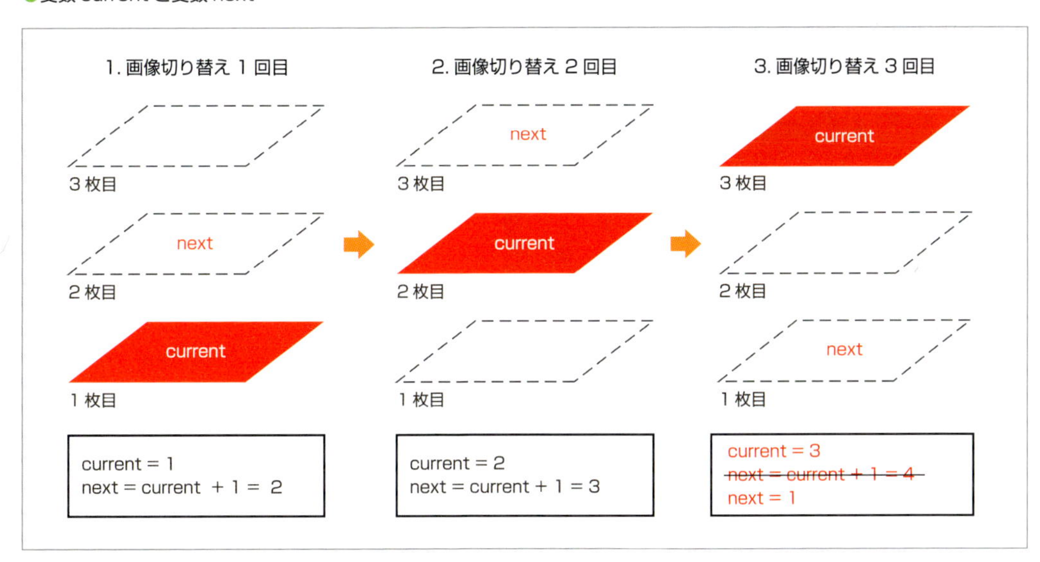

そこで、変数count（画像の総数）とif文を使って、変数nextが画像の総数を超える場合には変数nextを1に戻すスクリプトを加えます。

JS script.js

```
$(function(){
    /* 省略 */

    // slideTimer()関数
    function slideTimer(){
        // 現在の画像をフェードアウト
        $("#slide li:nth-child(" + current + ")").fadeOut(duration);

        // 次の画像をフェードイン
        $("#slide li:nth-child(" + next + ")").fadeIn(duration);

        // 変数currentの新しい値：変数nextの元の値
        current = next;

        // 変数nextの新しい値：変数currentの新しい値+1
        next = ++next;

        // 変数nextの値が3（画像の総数）を超える場合、1に戻す
        if(next > count){
            next = 1;
        }
    }
});
```

動作を確認してみましょう。3 枚の画像がフェードイン / アウトで順に切り替わっていれば大丈夫です。

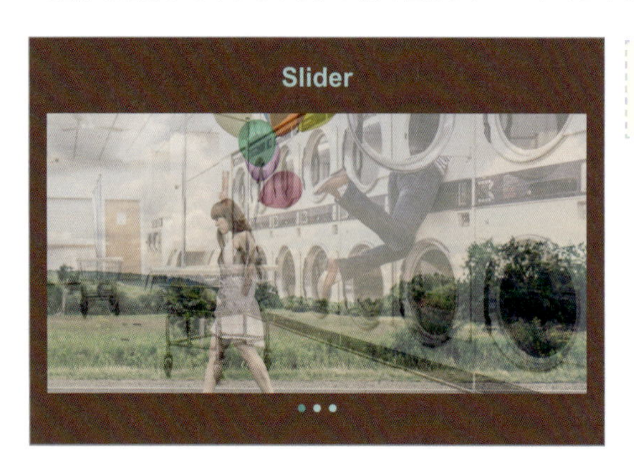

フェードイン / アウトで
画像が切り替わる

4 ボタンで画像が選択できるようにする

タイマーだけでなく、ユーザーがボタンを押した場合も画像を切り替えることができるようにしましょう。

何番目の画像が選択されたのか、今回は #button li a のテキスト内容（1 番目のボタンの場合は「1」）で判断します。ここで取得した数字が次の画像の番号になりますので、変数 next にそのまま代入します。

JS script.js

```
$(function(){
    /* 省略 */

    // slideTimer()関数
    function slideTimer(){
        /* 省略 */
    }

    // ボタンをクリック
    $("#button li a").click(function(){
        // テキスト内容を変数nextに代入
        next = $(this).html();

        return false;
    });
});
```

タイマーは常に回っているので、ボタンクリック時にタイマーを一度停止して再スタートさせるとともに、slideTimer() 関数を呼び出して切り替えを実行します。

JS script.js

```
$(function(){
    /* 省略 */

    // slideTimer()関数
    function slideTimer(){
        /* 省略 */
    }
    // ボタンをクリック
    $("#button li a").click(function(){
        // テキスト内容を変数nextに代入
        next = $(this).html();

        // タイマーを停止して再スタート
        clearInterval(timer);
        timer = setInterval(slideTimer, interval);

        // 初回の関数実行
        slideTimer();

        return false;
    });
});
```

5 ボタンのスタイルを変更する

最後にボタンに target クラスの付け替えを行います。
フェードイン／アウトのタイミングで行いたいので slideTimer() 関数の中に記述します。

JS script.js

```
$(function(){
    /* 省略 */

    // slideTimer()関数
    function slideTimer(){
        /* 省略 */

        // 変数nextの値が3（画像の総数）を超える場合、1に戻す
        if(next > count){
                    next = 1;
        }

        // targetクラスを削除
        $("#button li a").removeClass("target");

        // 現在のボタンにtargetクラスを追加
        $("#button li:nth-child("+ current +") a")
        .addClass("target");
    }

    // ボタンをクリック
    $("#button li a").click(function(){
        /* 省略 */
    });
});
```

タイマーとボタン、いずれの方法でも画像が切り替わり、合わせてボタンの色も変化すれば完成です。

【index.html】

POINT

- 絶対配置で画像を重ねておく
- 現在の画像、次の画像、画像の総数を変数で管理する

Chapter 07
LESSON 29

jQueryのサンプル制作：Level 5

画像のズーム

カーソルを乗せたサムネールの一部分が拡大されるページを作成します。商品画像の部分拡大表示などに使うと効果的でしょう。

制作準備

完成形の確認

左側の画像にマウスカーソルを乗せると、その周辺部分の拡大画像が右側に表示されます。

必要な構成

まず、マウスカーソルが左の画像の上にあるかどうかを判定します。次に、マウスカーソルにフォーカスエリアを追従させます。そのフォーカスエリアの位置に合わせて、拡大画像を右側に表示する構成です。

	構成	jQuery	JavaScript
1	カーソルがサムネール上にあるか判定する	mousemove() / offset() / width() / height() / show() / hide()	if文
2	フォーカスエリアをカーソルに追従させる	css() / offset() / width() / height()	
3	拡大画像の位置を計算する	css() / offset()	

HTMLとCSSの確認

HTMLの確認

HTML index.html

```
<div id="thumb">
  <img src="img/thumb.jpg" width="400" height="400" alt="thumbnail">
  <span></span>
</div>
<div id="zoom">
  <img src="img/zoom.jpg" width="4000" height="4000" alt="zoom">
</div>
```

#thumbにはサムネール画像「thumb.jpg」、#zoomには拡大画像「zoom.jpg」がそれぞれ入っています。

#thumb span要素はマウスカーソルに追従するフォーカスエリアです。この要素に重なる部分が拡大表示されます。

CSSの確認

CSS style.css

```
/* サムネール表示部分 */
#thumb{
     width:400px;
     height:400px;
     float:left;
}

/* マウスに追従するフォーカス部分 */
span{
     width:40px;
     height:40px;
     position:absolute;
     display:none;
     border:1px solid #83828A;
```

```
	background:rgba(131, 130, 138, .5);
}

/* 拡大画像表示部分 */
#zoom{
	width:400px;
	height:400px;
	overflow:hidden;
	float:right;
	position:relative;
}

/* 拡大画像 */
#zoom img{
	position:absolute;
	top:0;
	left:0;
}
```

span 要素のサイズが幅 40px＊高さ 40px であるのに対して #zoom は幅 400px＊高さ 400px、また #thumb 要素のサイズが幅 400px＊高さ 400px であるのに対して、#zoom の画像サイズは幅 4000px＊高さ 4000px と、対比する部分がそれぞれ 1:10 の比率になっています。

● #thumb と #zoom の比率

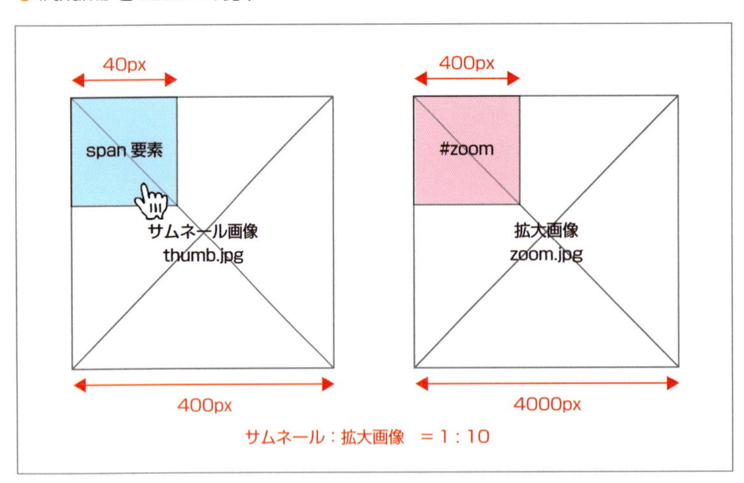

また #zoom は、本体より中に入っている拡大画像全体の方がサイズが大きくなるため、overflow:hidden を指定してエリアからはみ出た部分を非表示にしています。

【index.html】

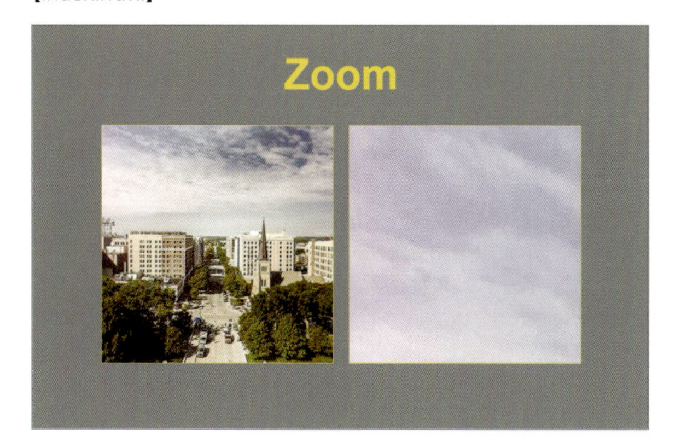

実習 制作

1 カーソルがサムネール上にあるか判定する

まずは mousemove() メソッドを使用してカーソル位置を調べます。mousemove() メソッドでは、引数とプロパティを使ってマウス座標を取得することができます。引数名を e とした場合、X 座標は e.pageX、Y 座標は e.pageY です。取得した値はそれぞれ変数 posX、posY に代入しておきます。

なお、今回セレクタはウインドウ全体とします。

★覚えよう
mousemove() メソッド (p.044 参照)

JS script.js

```
$(function(){
    // マウスを動かす
    $(window).mousemove(function(e){
            // 座標を取得
            var posX = e.pageX;
            var posY = e.pageY;
    });
});
```

次に、取得した座標が #thumb 内に収まっている場合のみ span 要素を表示させます。
条件は次の通りです。

●カーソルが #thumb 要素内に収まっている条件

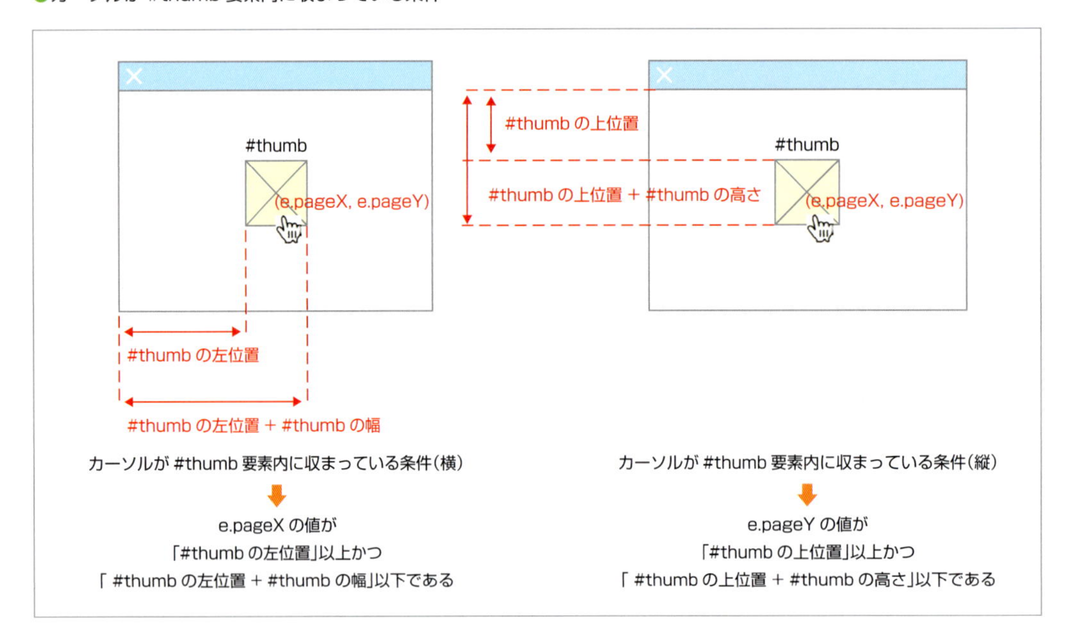

これを下記のように if 文にします。

JS script.js

```
$(function(){
	// マウスを動かす
	$(window).mousemove(function(e){
		// カーソルが#thumbの中に収まっているかどうか
		if(e.pageX > $("#thumb").offset().left && e.pageX <= $("#thumb")
		.offset().left + $("#thumb").width() && e.pageY >= $("#thumb")
		.offset().top && e.pageY <= $("#thumb").offset().top + $("#thumb")
		.height()){
			// 座標を取得
			var posX = e.pageX;
			var posY = e.pageY;

			// 収まっている：span要素を表示
			$("span").show();
		}else{
			// 収まっていない：span要素を非表示
			$("span").hide();
		}
	});
});
```

2 フォーカスエリアをカーソルに追従させる

カーソルが #thumb 内にある場合は、span 要素がカーソルの位置に追従するよう調整をします。

まずはカーソル座標と span 要素の位置をイコールにしてみましょう。css() メソッドを使用して、変数 posX、posY の値を span 要素の left プロパティと top プロパティにそれぞれ代入します。

JS script.js

```
$(function(){
	// マウスを動かす
	$(window).mousemove(function(e){
		// カーソルが#thumbの中に収まっているかどうか
		if(e.pageX > $("#thumb").offset().left && e.pageX <= $("#thumb")
		.offset().left + $("#thumb").width() && e.pageY >= $("#thumb")
		.offset().top && e.pageY <= $("#thumb").offset().top + $("#thumb")
		.height()){
			// 座標を取得
			var posX = e.pageX;
			var posY = e.pageY;

			// span要素の位置を、カーソル座標に合わせる
			$("span").css({"top":posY, "left":posX});

			// 収まっている：span要素を表示
			$("span").show();
		}else{
			// 収まっていない：span要素を非表示
			$("span").hide();
		}
	});
});
```

動作を確認すると、カーソル位置に揃うのは span 要素の左上であることがわかります。

【index.html】

これを中央揃えにするため、span 要素の縦サイズの半分 (20px) だけ上、横サイズの半分 (20px) だけ左に位置を調整します。

● span 要素をカーソルの中央に合わせる

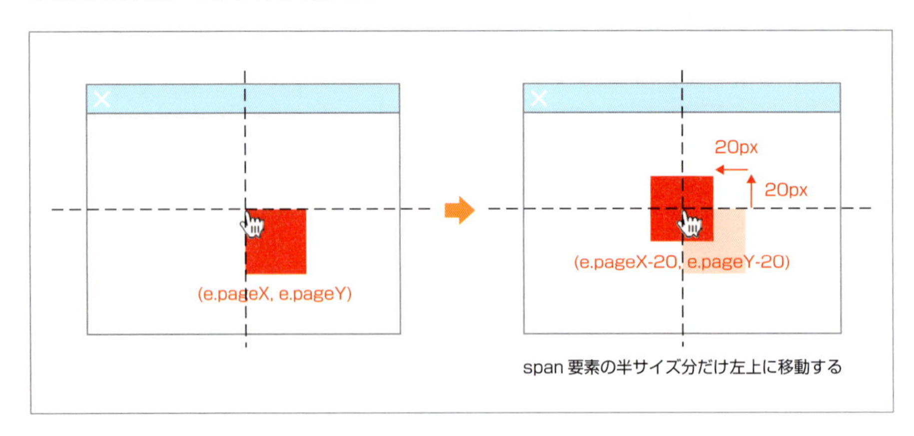

JS script.js

```
$(function(){
	// マウスを動かす
	$(window).mousemove(function(e){
		// カーソルが#thumbの中に収まっているかどうか
		if(e.pageX > $("#thumb").offset().left && e.pageX <= $("#thumb")
		.offset().left + $("#thumb").width() && e.pageY >= $("#thumb")
		.offset().top && e.pageY <= $("#thumb").offset().top + $("#thumb")
		.height()){
			// 座標を取得
			var posX = e.pageX;
			var posY = e.pageY;

			// カーソル中央に来るように調整
			posX -= 20;
			posY -= 20;

			// span要素の位置を、カーソル座標に合わせる
			$("span").css({"top":posY, "left":posX});

			// 収まっている：span要素を表示
			$("span").show();
		}else{
			// 収まっていない：span要素を非表示
			$("span").hide();
		}
	});
});
```

【index.html】

次に、カーソルが #thumb 要素の境界付近にある場合について検討します。

まずは #thumb 要素の左端です。現状ではカーソルと #thumb 要素の左端間の距離が 20px（span 要素の横サイズの半分）より小さい場合、span 要素が #thumb 要素を超えてしまいます。

●境界付近の span 要素の位置 1

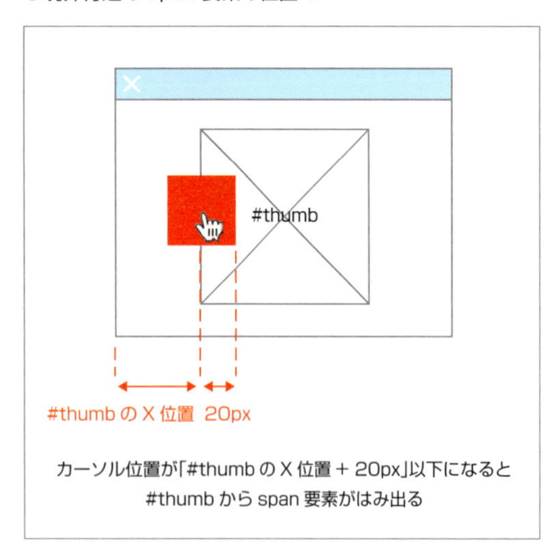

そこで、下記のような条件で span 要素を #thumb 内に押し込むようにします。

●境界付近の span 要素の位置 2

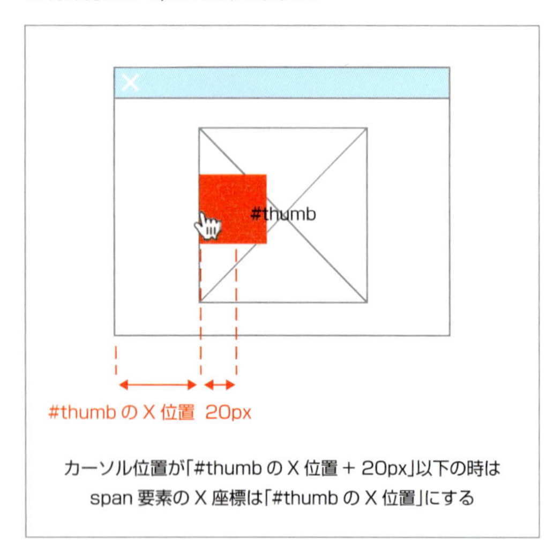

上下と右端に関しても同様です。

●境界付近の span 要素の位置 3

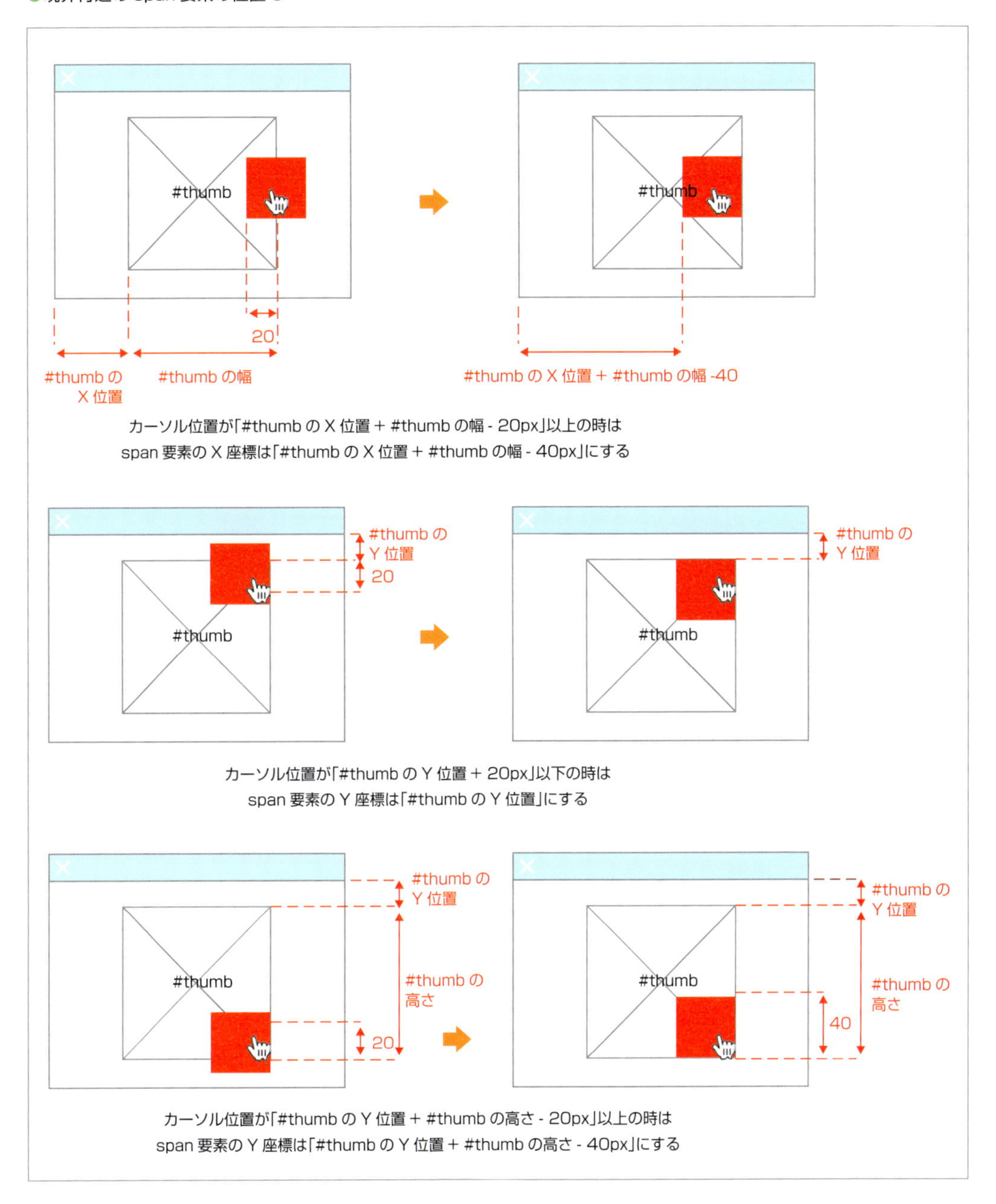

これを if 文にします。

JS script.js

```
$(function(){
    // マウスを動かす
    $(window).mousemove(function(e){
        // カーソルが#thumbの中に収まっているかどうか
        if(e.pageX > $("#thumb").offset().left && e.pageX <= $("#thumb")
        .offset().left + $("#thumb").width() && e.pageY >= $("#thumb")
        .offset().top && e.pageY <= $("#thumb").offset().top + $("#thumb")
        .height()){
            // 座標を取得
            var posX = e.pageX;
            var posY = e.pageY;

            // span要素が#thumb内に収まるよう調整（横位置）
            if(e.pageX <= $("#thumb").offset().left + 20){
                posX = $("#thumb").offset().left;
            }else if(e.pageX >= $("#thumb").offset().left +
            $("#thumb").width() - 20){
                posX = $("#thumb").offset().left +
                $("#thumb").width() - 40;
            }else{
                posX -= 20;
            }

            // span要素が#thumb内に収まるよう調整（縦位置）
            if(e.pageY <= $("#thumb").offset().top + 20){
                posY = $("#thumb").offset().top;
            }else if(e.pageY >= $("#thumb").offset().top +
            $("#thumb").height() - 20){
                posY = $("#thumb").offset().top +
                $("#thumb").height() - 40;
            }else{
                posY -= 20;
            }

            // span要素の位置を、カーソル座標に合わせる
            $("span").css({"top":posY, "left":posX});

            // 収まっている：span要素を表示
            $("span").show();
        }else{
            // 収まっていない：span要素を非表示
            $("span").hide();
        }
    });
});
```

【index.html】

3 拡大画像の位置を計算する

span 要素の位置を参照して、拡大画像 #zoom img を移動させます。

#thumb と #zoom は 1：10 の関係にしてあるので、#zoom img の移動量は、#thumb から span 要素までの距離の 10 倍になります。

●拡大画像の位置を計算

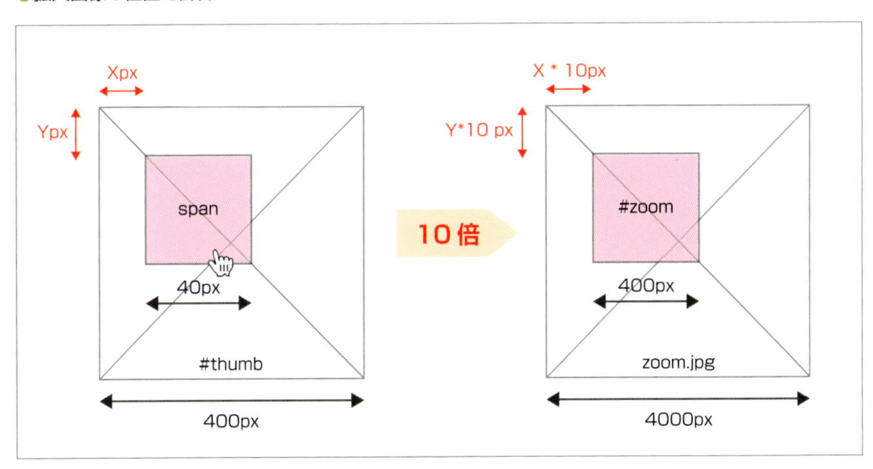

JS script.js

```
$(function(){
    // マウスを動かす
    $(window).mousemove(function(e){
        // カーソルが#thumbの中に収まっているかどうか
        if(e.pageX > $("#thumb").offset().left && e.pageX <= $("#thumb")
        .offset().left + $("#thumb").width() && e.pageY >= $("#thumb")
        .offset().top && e.pageY <= $("#thumb").offset().top +$ ("#thumb")
        .height()){
            /* 省略 */

            // zoom.jpgの位置を調整
            $("#zoom img").css("top", ($("#thumb").offset()
            .top - posY)*10);
            $("#zoom img").css("left", ($("#thumb").offset()
            .left - posX)*10);
        }else{
            // 収まっていない：span要素を非表示
            $("span").hide();
        }
    });
});
```

【index.html】

カーソルに追従したspan要素で覆われた範囲が正しく拡大されるようになれば完成です。

POINT

- サムネール上のカーソルの位置を判定する
- 拡大カーソルがはみ出ないように位置調整を行う
- 比率を使って対応する拡大部を表示する

Chapter 07
LESSON 30

jQueryのサンプル制作：Level 5

カウントアップゲーム

1から25までの数字を順にクリックしていくゲームを作成します。スタート画面と終了画面も作成し、タイマーでスコアを計算します。

制作準備

完成形の確認

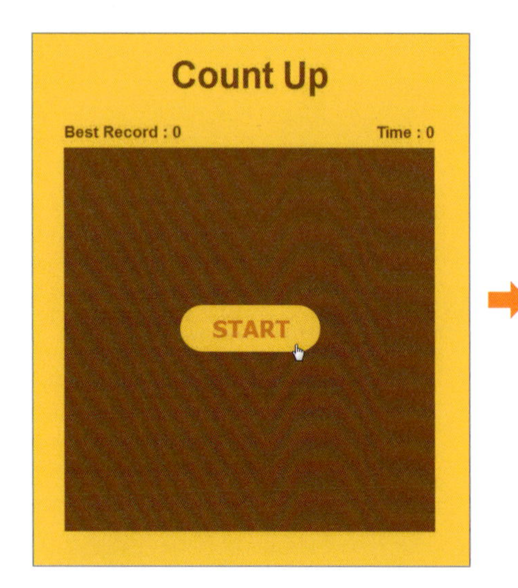

Count Up
Best Record : 0　Time : 589

23	13	5	22	18
25	19	12	8	1
7	4	24	21	15
16	3	10	2	9
6	14	17	11	20

Count Up
Best Record : 0 Time : 1341

Count Up
Best Record : 3934 Time : 3934
Your Record : 3934
PLAY AGAIN

スタートボタンをクリックすると時間のカウントが始まり、ランダムに配置した数字のカードを小さい順にクリックしていきます。25までクリックし終わると、所要時間が表示され、最短記録は記録されます。

必要な構成

複数の画面と処理を組み合わせて行います。

	構成	jQuery	JavaScript
1	カードを配置する	html() / prepend()	関数 / 配列 / for文 / Math()オブジェクト / length
2	スタート画面を準備する	click() / hide()	
3	選択したカードの正誤判定を行う	click() / html() / css()	if文
4	タイマーを開始する	html()	setInterval()メソッド
5	ゲーム終了時の処理（タイマーの停止）		if文 / clearInterval()メソッド
6	ゲーム終了時の処理（スタート画面とプレイ時間の表示）	html() / show()	
7	ゲーム終了時の処理（プレイ記録の更新）	html()	if文

HTMLとCSSの確認

▶HTMLの確認

HTML index.html

```
<header>
  <h1>Count Up</h1>
  <p id="record">Best Record : <span>0</span></p>
  <p id="timer">Time : <span>0</span></p>
</header>
```

```
  <div id="game">
    <div id="numbers"></div>
    <div id="startScene">
      <p></p>
      <button>START</button>
    </div>
  </div>
```

#record span にはクリアした最短時間を表示します。
#timer span にはゲーム中の経過時間を表示します。
#game にはゲーム画面である #numbers と、ゲームのスタート画面である #startScene が入っています。
#numbers の中には 25 枚のカード（div 要素）が入ります。これは後ほど jQuery で作成します。
#startScene p には、ゲーム終了後、ゲームのクリア時間を表示します。
#startScene button は、ゲームを開始するボタンです。

CSS の確認

#game に position:relative を、#startScene に position:absolute を指定して、#numbers の上に #startScene が重なるようにしています。

CSS style.css

```
/* ゲーム画面全体 */
#game{
	position:relative;
}

/* スタート画面 */
#startScene{
	position:absolute;
	top:0;
	left:0;
	width:500px;
	height:500px;
	background:#7D5740;
}
```

jQuery で作成される 25 枚のカード、#numbers div に関してもスタイルをあらかじめ用意しておきます。

CSS style.css

```
/* カード部分 */
#numbers div{
	width:99px;
	height:64px;
	padding-top:35px;
	font-size:1.8em;
```

```
        font-weight:bold;
        background:#7D5740;
        color:#FEC617;
        margin-right:1px;
        margin-bottom:1px;
        text-align:center;
        float:left;
        cursor:pointer;
}
```

正解したカードをオレンジ色に反転させるためのクラス、.hit も作成しておきます。

CSS style.css

```
#numbers div.hit{
    background:#E27C1C;
    color:#FEC617;
}
```

【index.html】

初期状態の画面です。

ゲームの制作

1 カードを配置する

#numbers の中にカードを配置していきます。作業を始める前に、#numbers の上に重なっている #startScene は hide() メソッドで非表示にしておきましょう。

まずはゲームに必要な変数、および配列を準備します。

JS script.js

```
$(function(){
	// スタート画面を非表示に
	$("#startScene").hide();

	// カウントアップする数字
	var countNum;

	// カードのシャッフル用配列
	var cardArray;

	// 経過時間
	var time;

	// タイマー用の変数
	var timer;
});
```

変数 countNum にはカウントアップする数字を入れます。最初は 1、プレイヤーが 1 を見つけたら次は 2、その次は 3…と随時値を更新していきます。

配列 cardArray はカードの配置に使用します。[3, 6, 19, 23...] のように 25 個の数字をシャッフルして入れておくことで、カードの数字がバラバラになるようにします。

変数 time には経過時間を入れます。ゲーム開始と同時に数値がどんどん加算されていきます。

変数 timer は、タイマー開始／停止用に使用します。

次に、ゲーム開始時の初期設定を行います。

初期設定はゲームをリプレイするたびに繰り返し行いますので関数にしておきます。関数名は init にします。

JS script.js

```
$(function(){
	// スタート画面を非表示に
	$("#startScene").hide();

	// カウントアップする数字
	var countNum;

	// カードのシャッフル用配列
	var cardArray;

	// 経過時間
	var time;

	// タイマー用の変数
	var timer;

```

```
        // 関数の実行
        init();

        // 初期設定用の関数init
        function init(){
                // 関数の内容
        }
});
```

init() 関数内で各種変数、配列を初期化します。

JS script.js

```
$(function(){
        /* 省略 */

        // 関数の実行
        init();

        // 初期設定用の関数init
        function init(){
                // 変数、配列の初期化
                countNum = 1;
                cardArray = [];
                time = 0;
        }
});
```

カード用の配列 cardArray に要素を入れていきます。

まずは [0, 1, 2, 3...24] のように 0 から 24 の数字が順に並んだ状態を作成し、後ほど中身をシャッフルしします。

Memo 配列の最初の要素は「0 番目」なので 0 からスタートしています。後ほど 1 から 25 になるよう調整します。

JS script.js

```
$(function(){
        /* 省略 */

        // 関数の実行
        init();

        // 初期設定用の関数init
        function init(){
                // 変数、配列の初期化
                countNum = 1;
                cardArray = [];
                time = 0;
```

```
            // cardArray = [] を
            // cardArray = [0, 1, 2, 3, 4....24] に
            for(var i = 0; i <= 24; i++){
                cardArray.push(i);
            }
    }
});
```

作成した配列を使って、画面にカードを並べます。

for 文で #numbers 内に div 要素を 25 個入れていきます。div 要素の追加には prepend() メソッドを使用します。

同時に div 要素の中にも配列 cardArray の要素を順に入れていきます。スクリプトの整理のため、配列の値は一度変数 cardNum に代入しています。

また、2 回目以降のプレイでは、前の回で配置されたカードがすでに #numbers 内に存在していますので、for 文の前に「$("#numbers").html("")」を加えて、一度 #numbers の中を空にします。

JS script.js

```
$(function(){
    /* 省略 */

    // 関数の実行
    init();

    // 初期設定用の関数init
    function init(){
      /* 省略 */

            // cardArray = [] を
            // cardArray = [0, 1, 2, 3, 4....24] に
            for(var i = 0; i <= 24; i++){
                cardArray.push(i);
            }

            // #numbersの中を空にする
            $("#numbers").html("");

            // #numbersの中にカードを生成
            for(var i = 0; i <= 24; i++){
                var cardNum = cardArray[i];
                $("#numbers").prepend("<div>"+ cardNum +"</div>");
            }
    }
});
```

【index.html】

Count Up

Best Record : 0　　Time : 0

24	23	22	21	20
19	18	17	16	15
14	13	12	11	10
9	8	7	6	5
4	3	2	1	0

最後に配列内の数字をシャッフルします。for文をもう一つ追加します。

JS script.js

```
$(function(){
	/* 省略 */

	// 関数の実行
	init();

	// 初期設定用の関数init
	function init(){
		/* 省略 */

		// cardArray = [] を
		// cardArray = [0, 1, 2, 3, 4....24] に
		for(var i = 0; i <= 24; i++){
			cardArray.push(i);
		}

		// cardArray = [0, 1, 2, 3, 4....] を
		// cardArray = [3, 6, 19, 23...]に
		for(var i = 0; i < cardArray.length; i++){
			var tmpNum = cardArray[i];
			var r = Math.floor(Math.random()*cardArray.length);

			cardArray[i] = cardArray[r];
			cardArray[r] = tmpNum;
		}

		// #numbersの中を空にする
		$("#numbers").html("");
```

```
            // #numbersの中にカードを生成
            for(var i = 0; i <= 24; i++){
                  var cardNum = cardArray[i];
                  $("#numbers").prepend("<div>"+ cardNum +"</div>");
            }
      }
});
```

for 文 1 周目（i = 0）を例に、シャッフルの仕組みを解説します。

まず変数 tmpNum と変数 r を宣言します。

for 文 1 行目「var tmpNum = cardArray[i]」では、i が 0 なので、変数 tmpNum の値は 0 になります。

for 文 2 行目「var r = Math.floor(Math.random()*cardArray.length);」では変数 r に 0 から 24 までの任意の整数が入ります。ここでは r = 3 になったとします。

●配列のシャッフル 1

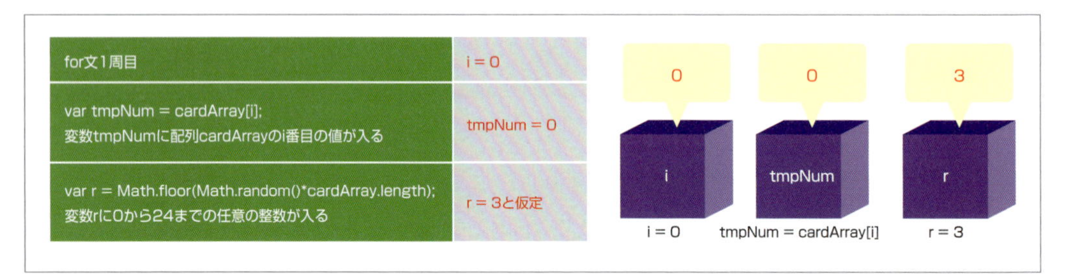

for 文 3 行目「cardArray[i] = cardArray[r]」で、配列の 0 番目に 3 番目の値が入ります。

for 文 4 行目「cardArray[r] = tmpNum」で、配列の r 番目に 0 番目の値が入ります。

結果、配列の 0 番目と 3 番目の値を入れ替えたことになります。

●配列のシャッフル 2

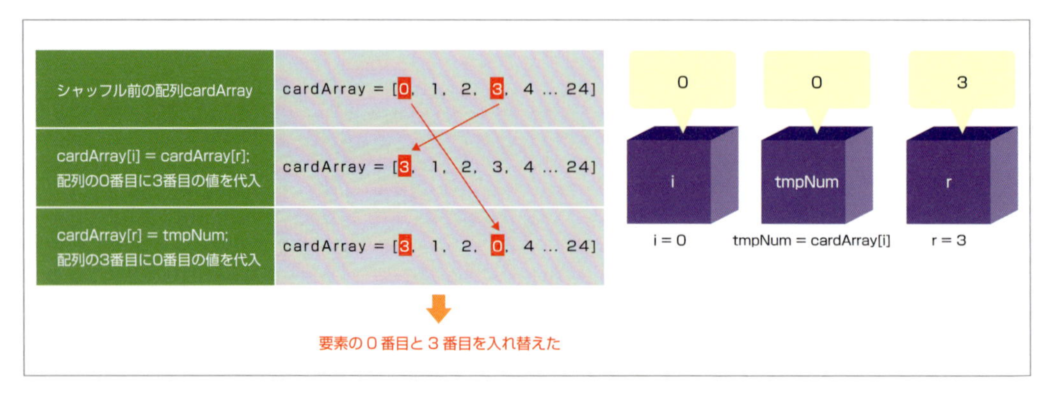

for 文で全ての配列要素に対してこの操作を行うことによって、数字がシャッフルされます。

これでカードの準備が整いました。

【index.html】

2 スタート画面を準備する

カードの配置が完了したので、「Start」ボタンをクリックしたタイミングでスタート画面が非表示になるよう変更します。
「Start」ボタン用のclick()メソッドを用意して、冒頭に書いた「$("#startScene").hide();」を中に移動します。

JS script.js

```
$(function(){
    /* 省略 */

    // 関数の実行
    init();

    // 初期設定用の関数init
    function init(){
            /* 省略 */
    }

    // 「Start」ボタンをクリック
    $("button").click(function(){
            // スタート画面を非表示に
            $("#startScene").hide();
    });
});
```

【index.html】

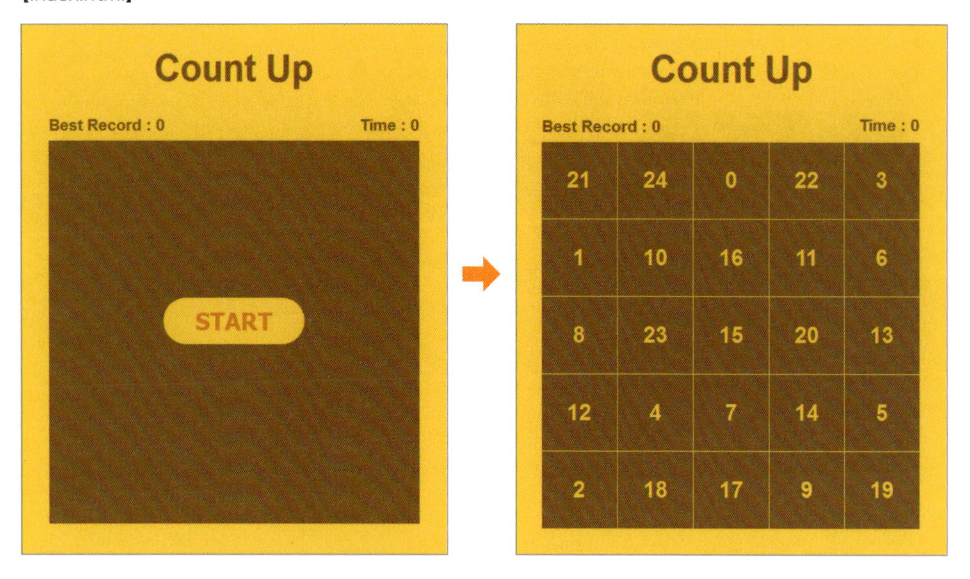

3 選択したカードの正誤判定を行う

ここからゲーム本体の内容を作成していきます。
まずは click() メソッドを使用してカードが選択できるようにします。

JS script.js

```
$(function(){
    /* 省略 */

    //「Start」ボタンをクリック
    $("button").click(function(){
            // スタート画面を非表示に
            $("#startScene").hide();

            // カードを選択
            $("#numbers div").click(function(){
                    // 選択時の処理
            });
    });
});
```

次に html() メソッドを使用して選択したカードの数字を取得します。
新たに変数 num を用意して取得した数字を代入しておきます。

JS script.js

```
$(function(){
    /* 省略 */

    //「Start」ボタンをクリック
    $("button").click(function(){
            // スタート画面を非表示に
            $("#startScene").hide();

            // カードを選択
            $("#numbers div").click(function(){
                // カードの数字を取得
                var num = $(this).html();
            });
    });
});
```

続いてカードの正誤判定です。

変数countNumと変数numの値を比較し、同じ値であれば正解です。値の比較にはif文を使用します。

また、変数countNumが1からスタートするのに対し、現時点では変数numの値域は0から24までになっています。そこで「num++;」を加えて一時的に数値を調整します。

JS script.js

```
$(function(){
    /* 省略 */

    //「Start」ボタンをクリック
    $("button").click(function(){
            // スタート画面を非表示に
            $("#startScene").hide();

            // カードを選択
            $("#numbers div").click(function(){
                // カードの数字を取得
                var num = $(this).html();

                // 調整用
                num++;

                // 変数numと変数countNumを比較
                if(num == countNum){
                    // 正解時の処理
                }
            });
    });
});
```

正解の場合は、選択したカードに .hit を追加してスタイルを変更し、かつ変数 countNum の値を 1 つ増やします。クラスの追加には、addClass() メソッドを使用します。

JS script.js

```
$(function(){
	/* 省略 */

	//「Start」ボタンをクリック
	$("button").click(function(){
			// スタート画面を非表示に
			$("#startScene").hide();

			// カードを選択
			$("#numbers div").click(function(){
				// カードの数字を取得
				var num = $(this).html();

				// 調整用
				num++;

				// 変数numと変数countNumを比較
				if(num == countNum){
					// カードのスタイル変更
					$(this).addClass("hit");

					// 数字を1つ増やす
					countNum++;
				}
			});
	});
});
```

カードを 1 から順に選択して、スタイルが切り替わるか確認してみましょう。

【index.html】

タイマーを開始する

「Start」ボタンを押したタイミングで、プレイ時間を測るタイマーを開始します。

実行する関数名はtimerFunc、タイマーのインターバルは10ミリ秒とします。timerFunc()関数が実行されるたびに変数timeの値を1つずつ増やし、html()メソッドを使ってその値を#timer spanに表示します。

JS script.js

```
$(function(){
    /* 省略 */

    //「Start」ボタンをクリック
    $("button").click(function(){
            // スタート画面を非表示に
            $("#startScene").hide();

            // カードを選択
            $("#numbers div").click(function(){
                    /* 省略 */
            });

            // タイマー開始
            timerFunc();
            timer = setInterval(timerFunc, 10);
    });

    // プレイ時間計測用の関数
    function timerFunc(){
            // 変数timeの値を更新して、#timer spanに表示
            time++;
            $("#timer span").html(time);
    }
});
```

【index.html】

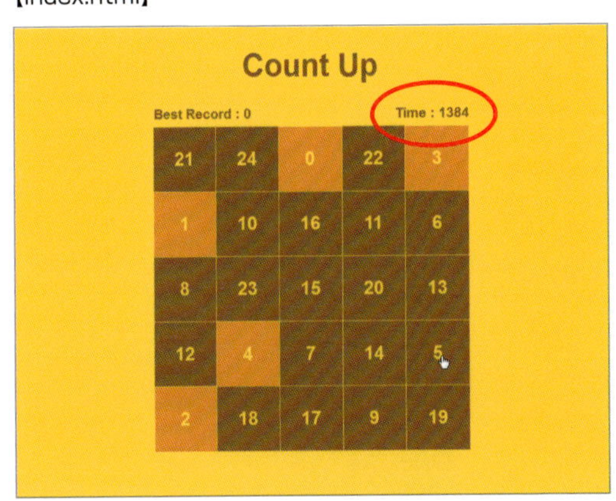

5 ゲーム終了時の処理（タイマーの停止）

ここからは、ゲーム終了時の処理を行っていきます。
まずはタイマーの停止です。
正解のカードを選択するたびに変数countNumの値が増えていくので、値が26になればゲーム終了です。
これを条件とするif文を作成し、条件を満たした場合はclearInterval()メソッドでタイマーを停止します。

JS script.js

```
$(function(){
	/* 省略 */

	//「Start」ボタンをクリック
	$("button").click(function(){
			// スタート画面を非表示に
			$("#startScene").hide();

			// カードを選択
			$("#numbers div").click(function(){
				/* 省略 */

				// 変数numと変数countNumを比較
				if(num == countNum){
					/* 省略 */

					countNum++;

					// 変数countNumが26であれば、ゲーム終了
					if(countNum == 26){
						// タイマー停止
						clearInterval(timer);
					}
				}
			});

			/* 省略 */
	});

	/* 省略 */
});
```

ここまでの動作を確認してみましょう。全てのカードを選び終わったタイミングでタイマーが停止すれば大丈夫です。

Count Up

Best Record : 0　Time : 1733

15	17	4	0	12
23	10	5	8	11
24	1	20	9	18
6	2	3	19	16
7	22	13	21	14

全てのカードを選ぶと、
タイマーが停止する

6 ゲーム終了時の処理（スタート画面とプレイ時間の表示）

次にスタート画面 #startScene を再表示し、#startScene p にプレイした時間を表示します。
また、ボタンのテキストを「START」から「PLAY AGAIN」に変更します。

JS script.js

```
$(function(){
    /* 省略 */

    //「Start」ボタンをクリック
    $("button").click(function(){
            // スタート画面を非表示に
            $("#startScene").hide();

            // カードを選択
            $("#numbers div").click(function(){
                    /* 省略 */

                    // 変数numと変数countNumを比較
                    if(num == countNum){
                            /* 省略 */

                            countNum++;

                            // 変数countNumが26であれば、ゲーム終了
                            if(countNum == 26){
                                    // タイマー停止
                                    clearInterval(timer);

                                    // プレイ時間の表示
                                    $("#startScene p").html("Your Record : "
                                    + $("#timer span").html());
```

```
                                        // ボタンのテキスト変更
                                        $("button").html("PLAY AGAIN");

                                        // スタート画面の表示
                                        $("#startScene").show();
                                }
                        }
                });

                /* 省略 */
        });

        /* 省略 */
});
```

【index.html】

7 ゲーム終了時の処理（プレイ記録の更新）

続いてプレイ時間の記録が更新されたか判定します。

これまでの記録は $("#record span").html()、今回の記録は $("#timer span").html() で取得することができます。

2 つを比較して、今回の方が良ければ新しい記録を $("#record span").html() に上書きします。

また、初回プレイ時、つまり $("#record span").html が 0 の場合も記録を上書きします。

その後に init() 関数を呼んで、変数、配列のリセット、カードの再配置を行います。

JS script.js

```
$(function(){
    /* 省略 */

    //「Start」ボタンをクリック
    $("button").click(function(){
            // スタート画面を非表示に
            $("#startScene").hide();

            // カードを選択
            $("#numbers div").click(function(){
                    /* 省略 */

                    // 変数numと変数countNumを比較
                    if(num == countNum){
                            /* 省略 */

                            countNum++;

                            // 変数countNumが26であれば、ゲーム終了
                            if(countNum == 26){
                                    // タイマー停止
                                    clearInterval(timer);

                                    // プレイ時間の表示
                                    $("#startScene p").html("Your Record : "
                                    + $("#timer span").html());

                                    // ボタンのテキスト変更
                                    $("button").html("PLAY AGAIN");

                                    // スタート画面の表示
                                    $("#startScene").show();

                                    // プレイ時間の比較
                                    if($("#record span").html() - $("#timer
                                    span").html()> 0 || $("#record span")
                                    .html() == 0){

                                        // 記録の更新
                                        $("#record span").html($("#timer span")
                                        .html());
                                    }
                                    // 初期設定
                                    init();
                            }
                    }
            });
```

```
                    /* 省略 */
        });

        /* 省略 */
});
```

最後にカードの数字「0 ~ 24」を「1 ~ 25」に調整します。
まずはカードに数字を入れるタイミングで、数字に 1 プラスします。

JS script.js

```
$(function(){
        /* 省略 */

        // 初期設定用の関数init
        function init(){
                /* 省略 */

                // #numbersの中にカードを生成
                for(var i = 0; i <= 24; i++){
                var cardNum = cardArray[i] + 1;
                                $("#numbers").prepend("<div>"+cardNum +"</div>");
                }

        }

        /* 省略 */
});
```

逆に、調整用に入れておいた「num++」を削除します。

JS script.js

```
$(function(){
        /* 省略 */

        //「Start」ボタンをクリック
        $("button").click(function(){
                        // スタート画面を非表示に
                        $("#startScene").hide();

                        // カードを選択
                        $("#numbers div").click(function(){
                                // カードの数字を取得
                                var num = $(this).html();

                                // 調整用
                                num++;
```

```
                        /* 省略 */

                });

                /* 省略 */
        });

        /* 省略 */
});
```

カードの数字が 1 から 25 になれば完成です。

【index.html】

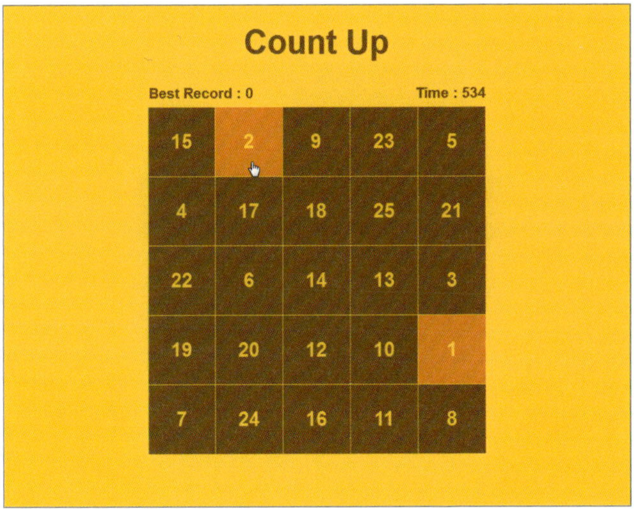

Count Up

Best Record : 0 Time : 534

15	2	9	23	5
4	17	18	25	21
22	6	14	13	3
19	20	12	10	1
7	24	16	11	8

POINT

- スタート画面をあらかじめ HTML で作っておく
- カードは jQuery でランダムに生成する
- 開始時、ゲーム実行時、終了時で処理を分ける

SUPPLYMENTARY LESSON 補講

プラグインについて

本書では使用しませんでしたが、jQueryはプラグイン（LESSON01参照）を使うことでより手軽に利用できます。プラグインには、大きく分けて、「タブのプラグイン」「フォトギャラリーのプラグイン」など特定の演出が丸ごと実装できるプラグインと、jQuery本来の機能を拡張してより多様な制作を行えるようにするためのプラグインの2種類があります。ここでは後者「機能拡張のためのプラグイン」の一例を紹介します。

実習 プラグインを使用して背景画像をアニメーションさせる

機能拡張プラグインの利用

本書で何度も登場したjQueryのanimate()メソッドはとても便利ですが、実は背景画像のアニメーションと色のアニメーション（赤から青へ変わるなど）には対応していません。本書ではCSS3を使って実装しましたが、ここではこれらの機能を補うプラグインを利用して、animate()メソッドでも背景画像と色がアニメーションされるよう、Lesson16「パララックス効果」をアレンジしてみます。

使用するプラグインは以下の2つです。

● **jQuery Background Position Animation**（URL：http://keith-wood.name/backgroundPos.html）
animate()メソッドで背景画像をアニメーションすることができるようになるプラグインです。

● **jQuery Color**（URL：https://github.com/jquery/jquery-color）
animate()メソッドで各種色をアニメーションすることができるようになるプラグインです。

> **Memo**
> サンプルフォルダ内にそれぞれファイル名「jquery.backgroundpos.min.js」「jquery.color-2.1.2.min.js」で収録しています。

1 プラグインを参照する

HTML は Lesson16 と同じものを使用します。2 つのプラグインファイルを、index.html から参照します。

HTML index.html

```
<head>
…省略…
<script src="js/jquery-2.1.4.min.js"></script>
<script src="js/jquery.backgroundpos.min.js"></script>
<script src="js/jquery.color-2.1.2.min.js"></script>
<script src="js/script.js"></script>
</head>
```

2 CSS を変更する

今回は animate() メソッドを使用して背景画像を動かすので、CSS の transition プロパティ部分の記述を削除します。

CSS style.css

```
/* 3枚の背景画像部分 */
body{
…省略…
	transition:background .3s;
}
#bg1{
	height:100%;
	background:url(../img/bg1.png) 0 100% repeat-x;
	transition:background .3s;
}
#bg2{
	height:100%;
	background:url(../img/bg2.png) 0 100% repeat-x;
	transition:background .3s;
}
```

3 プラグインを使用して背景画像と色をアニメーションさせる

script.js の背景画像の移動部分を、css() メソッドから animate() メソッドへ下記のように書き換えます。

JS script.js

```
// 背景画像のアニメーション
$("body").css("background-position", dis * -20 + "px 100%");
$("#bg1").css("background-position", dis * -150 + "px 100%");
$("#bg2").css("background-position", dis * -700 + "px 100%");

$("body").animate({"background-position" : dis * -20 + "px 100%"}, 300);
$("#bg1").animate({"background-position" : dis * -150 + "px 100%"}, 300);
$("#bg2").animate({"background-position" : dis * -700 + "px 100%"}, 300);
```

次は選択するコンテンツに応じて、背景色がアニメーションで切り替わるようにします。新たに変数bgColorを宣言して、変数disの値に応じて対応する色が代入されるようにします。

JS script.js

```
// 背景画像のアニメーション
$("body").animate({"background-position" : dis * -20 + "px 100%"}, 300);
$("#bg1").animate({"background-position" : dis * -150 + "px 100%"}, 300);
$("#bg2").animate({"background-position" : dis * -700 + "px 100%"}, 300);

// コンテンツに応じて背景色を決定
if(dis == 0){
     bgColor = "#6CD8FF";
}else if(dis == 1){
     bgColor = "#FFE254";
}else if(dis == 2){
     bgColor = "#FB9F8A";
}else{
     bgColor = "#879DC4";
}

// 背景色のアニメーション
$("body").animate({"background-color" : bgColor}, 300);
```

選択されたコンテンツに応じて背景の色と画像がアニメーションで切り替わるようになれば完成です。

【index.html】

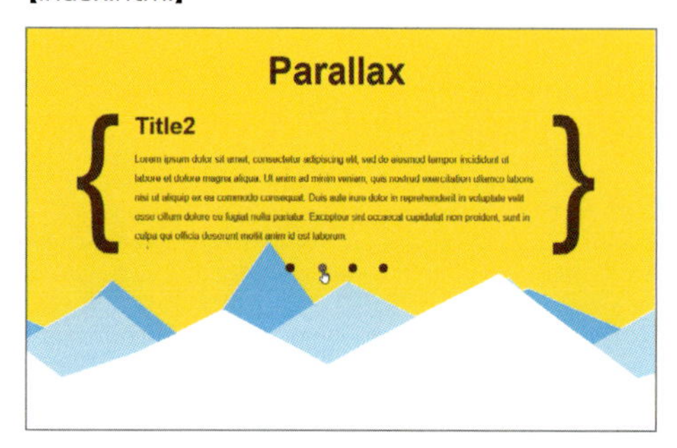

APPENDIX

jQuery リファレンス

jQueryのセレクタやメソッドの一部を紹介します。
カテゴライズは公式サイト内、http://api.jquery.com/を参考にしています。

セレクタ

Basic

基本的なセレクタです。

*	全ての要素
element	指定された要素
#id	#idをidに持つ要素
.class	.classをクラスに持つ要素
selector1, selector2, selector3	カンマ区切りで指定した全ての要素

Basic Filter

指定した条件でフィルタリングを行うセレクタです。

:first	最初の要素
:last	最後の要素
:eq(n)	インデックスがnの要素
:odd	インデックスが奇数の要素
:even	インデックスが偶数の要素
:gt(n)	インデックスがnより大きい要素
:lt(n)	インデックスがnより小さい要素
:header	h1～h6要素
:lang()	指定の言語の要素
:not()	指定のセレクタに当てはまらない要素
:animated	実行中のアニメーションがある要素
:root	ドキュメントルート（通常はhtml要素）
:target	URI のターゲットをidに持つ要素

Child Filter

子要素に関するセレクタです。

:first-child	要素から見た最初の子要素

:nth-child(n)	要素から見たn番目の子要素
:last-child	要素から見た最後の子要素
:first-of-type	要素から見た同種類の要素の内、最初の子要素
:nth-of-type(n)	要素から見た同種類の要素の内、n番目の子要素
:last-of-type	要素から見た同種類の要素の内、最後の子要素
:nth-last-child(n)	要素から見た後ろからn番目の子要素
:nth-last-of-type(n)	要素から見た同種類の要素の内、後ろからn番目の子要素
:only-child	要素から見た唯一である子要素
:only-of-type	要素から見た同種類の要素の内、唯一である子要素

Hierarchy

要素の階層関係（親子関係）に関するセレクタです。

parent > child	parentの子要素であるchild
ancestor descendant	ancestorの子孫要素であるdescendant
prev + next	prevの一つ後ろの兄弟要素であるnext
prev ˜ siblings	prevの後ろの兄弟要素であるsiblings

Visibility Filter

表示／非表示に関するセレクタです。

:hidden	非表示の要素
:visible	表示されている要素

Attribute

属性に関するセレクタです。

<table>
<tr><td>要素[name]</td><td>name属性を持っている要素</td></tr>
<tr><td>要素[name = "value"]</td><td>name属性の値がvalueである要素</td></tr>
<tr><td>要素[name ˜= "value"]</td><td>name属性の値を複数持ち、そのうちの一つがvalueである要素</td></tr>
<tr><td>要素[name ^= "value"]</td><td>name属性の値がvalueで始まる要素</td></tr>
<tr><td>要素[name |= "value"]</td><td>name属性の値がvalueである、もしくはvalue-から始まる要素</td></tr>
<tr><td>要素[name *= "value"]</td><td>name属性の値にvalueを含んでいる要素</td></tr>
<tr><td>要素[name $= "value"]</td><td>name属性の値がvalueで終わる要素</td></tr>
<tr><td>要素[name != "value"]</td><td>name属性の値がvalueではない要素</td></tr>
<tr><td>要素[name="value"][name2="value2"]</td><td>属性に関する複数の条件のうち、全てに当てはまる要素</td></tr>
</table>

Content Filter

要素の内容に関するセレクタです。

:empty	空の要素
:parent	子要素もしくはテキストを持っている要素
:has(selector)	selectorを子孫要素に持っている要素
:contains(text)	テキスト内容にtextを含んでいる要素

Form

フォームに関するセレクタです。

:text	type属性がtextであるinput要素（一行入力フィールド）
:radio	type属性がradioであるinput要素（ラジオボタン）
:checkbox	type属性がcheckboxであるinput要素（チェックボックス）
:password	type属性がpasswordであるinput要素（パスワード入力）
:file	type属性がfileであるinput要素（ファイル選択）
:image	type属性がimageであるinput要素（画像ボタン）
:submit	type属性がsubmitであるinput要素（送信ボタン）
:reset	type属性がresetであるinput要素（リセットボタン）
:input	input要素、textarea要素、select要素、button要素
:checked	チェックされている要素（ラジオボタンもしくはチェックボックス）
:disabled	無効になっている要素
:enabled	有効になっている要素
:focus	フォーカスされている要素
:selected	option要素の内、選択されているもの
:button	button要素

参照

選択したセレクタを基準に、他の要素を参照します。

Tree Traversal

要素のツリー構造（親子関係）による参照です。

children()	選択した要素の子要素
parent()	選択した要素の親要素
parents()	選択した要素の先祖要素
find(selector)	選択した要素の子孫要素の内、selectorに一致する要素
parentsUntil(selector)	選択した要素の先祖要素の内、selectorに至るまでの要素
closest(selector)	選択した要素の先祖要素の内、selectorに一致し、かつ一番近い要素
offsetParent()	選択した要素の先祖要素の内、positionプロパティ（static以外）が設定されており、かつ一番近い要素
siblings()	選択した要素の兄弟要素
next()	選択した要素の一つ後ろの兄弟要素
nextAll()	選択した要素の後ろの全ての兄弟要素
nextUntil(selector)	選択した要素の一つ後ろからselectorに至るまでの兄弟要素
prev()	選択した要素の一つ前の兄弟要素
prevAll()	選択した要素の前の全ての兄弟要素
prevUntil(selector)	選択した要素の一つ前からselectorに至るまでの兄弟要素
each()	選択した要素に対してそれぞれ処理を行う

Filtering

フィルタリングによる参照です。

first()	選択した要素の内、最初の要素
last()	選択した要素の内、最後の要素
eq()	選択した要素の内、指定したインデックスの要素
slice()	選択した要素の内、インデックスが指定した範囲を満たす要素
filter(selector)	選択した要素の内、selectorに一致する要素
not(selector)	選択した要素の内、selectorに一致しない要素
has(selector)	選択した要素の内、selectorに一致する子孫要素を持つ要素
is(selector)	選択した要素の内、selectorに一致する要素があるか調べる
map(callback)	選択した要素に対してcallbackを実行し、戻り値を返す

Miscellaneous Traversing

その他の参照です。

add(selector)	選択した要素に、selectorを追加する
addBack()	任意の処理を行う前と後、両方の要素
contents()	選択した要素内の、テキスト内容を含めた子要素
end()	任意の処理を行う前の要素

イベント

要素のクリック等、各種イベントに関する設定を行うことができます。

Document Loading

読み込みに関する設定を行います。

ready()	読み込み完了時の処理を設定する

Browser Events

ブラウザイベントに関する設定を行います。

resize()	ブラウザがリサイズされた時の処理を設定する
scroll()	ブラウザがスクロールされた時の処理を設定する

Mouse Events

マウスイベントに関する設定を行います。

click()	要素がクリックされた時の処理を設定する
dblclick()	要素がダブルクリックされた時の処理を設定する
hover()	要素がマウスオーバーされた時の処理を設定する
mouseover()	要素の上にマウスが乗った時の処理を設定する
mouseenter()	要素の上にマウスが乗った時の処理を設定する（子要素を領域内に含む）
mouseout()	要素の上からマウスが出た時の処理を設定する

mouseleave()	要素の上からマウスが出た時の処理を設定する（子要素を領域内に含む）
mousedown()	要素にマウスが押下された時の処理を設定する
mousemove()	要素の上からマウスが動かされた時の処理を設定する
mouseup()	要素の上にマウスが離された時の処理を設定する

Form Events

フォームイベントに関する設定を行います。

change()	フォーム要素の内容が変更された時の処理を設定する
focus()	フォーム要素がフォーカスされた時の処理を設定する
focusin()	フォーム要素がフォーカスされた時の処理を設定する（子要素も対象）
blur()	フォーム要素からフォーカスが外れた時の処理を設定する
focusout()	フォーム要素からフォーカスが外れた時の処理を設定する（子要素も対象）
select()	フォーム要素の値が選択された時の処理を設定する
submit()	フォームが送信された時の処理を設定する

Keyboard Events

キー入力に関する設定を行います。

keydown()	キーが押下された時の処理を設定する
keypress()	キー入力時の処理を設定する
keyup()	キーが離された時の処理を設定する

Event Handler Attachment

イベントハンドラに関する設定を行います。

bind()	イベントにイベントハンドラを登録する
unbind()	選択した要素からイベントハンドラを削除する
on()	イベントハンドラを登録する
off()	イベントハンドラを削除する
one()	1度だけ実行するイベントハンドラを登録する
delegate(selector)	選択した要素内のselectorにイベントハンドラを設定する
undelegate(selector)	選択した要素内のselectorからイベントハンドラを削除する
trigger()	選択した要素へ擬似的にイベントハンドラを実行させる
triggerHandler()	選択した要素へ擬似的にイベントハンドラを実行させる（ブラウザの本来の動作は無効にする）

操作

要素に対して、各種操作を行うことができます。

after(content)	要素の後ろにcontentを挿入する
before(content)	要素の前にcontentを挿入する
append(content)	要素内の一番後ろにcontentを挿入する
prepend(content)	要素内の一番前にcontentを挿入する
insertAfter(target)	要素をtargetの後ろに挿入する
insertBefore()	要素をtargetの前に挿入する
appendTo(target)	要素をtarget内の一番後ろに挿入する
prependTo()	要素をtarget内の一番前に挿入する
wrap(wrappingElement)	要素をwrappingElementで囲む
wrapAll(wrappingElement)	要素をまとめてwrappingElementで囲む
wrapInner(wrappingElement)	要素の中身をwrappingElementで囲む
unwrap()	要素の親要素を削除する
remove()	要素を削除する
empty()	要素の子孫要素を削除する
detach()	要素を削除する（再度挿入が可能）
clone()	要素を複製する
html()	要素内の内容を設定もしくは取得する
text()	要素内のテキスト内容を設定もしくは取得する
val()	要素のvalue属性を設定もしくは取得する
attr()	要素の属性を設定もしくは取得する
removeAttr()	要素から指定した属性を削除する
prop()	要素のプロパティを設定もしくは取得する
removeProp()	要素からプロパティを削除する
replaceAll(target)	targetを要素で書き換える
replaceWith(newContent)	要素をnewContentで書き換える

CSS

CSSの設定もしくは取得を行うことができます。

addClass()	要素にクラスを追加する
removeClass()	要素からクラスを削除する
toggleClass()	要素へクラスの付け替えを行う
hasClass(className)	要素がclassNameクラスを持っているか調べる
css()	要素のCSSを設定もしくは取得する
width()	要素の幅を設定もしくは取得する

height()	要素の高さを設定もしくは取得する
innerWidth()	要素の幅（paddingを含む）を取得する
innerHeight()	要素の高さ（paddingを含む）を取得する
outerWidth()	要素の幅（padding、border、オプションでmarginを含む）を取得する
outerHeight()	要素の高さ（padding、border、オプションでmarginを含む）を取得する
offset()	要素の位置を設定もしくは取得する
position()	要素の親要素からの相対位置を取得する
scrollLeft()	要素のスクロール位置（横）を設定もしくは取得する
scrollTop()	要素のスクロール位置（縦）を設定もしくは取得する

効果

各種効果を設定することができます。

Basics

表示／非表示に関する基本的な効果です。

hide()	要素を非表示にする
show()	要素を表示する
toggle()	要素の表示／非表示を切り替える

Fading

フェードイン／フェードアウトに関する効果です。

fadeIn()	要素をフェードインする
fadeOut()	要素をフェードアウトする
fadeTo()	要素の透明度を指定した値まで徐々に変化させる
fadeToggle()	要素の表示をフェードイン／フェードアウトで切り替える

Sliding

スライド表示に関する効果です。

slideDown()	要素をスライドダウンで表示する
slideToggle()	要素の表示をスライドダウン／スライドアップで切り替える
slideUp()	要素をスライドアップで非表示にする

Custom

各種アニメーションを設定することができます。

animate()	要素をアニメーションする
delay()	要素のキューの待機時間を設定する
queue()	要素のキューを参照および操作する
dequeue()	要素の次のキューを実行する
clearQueue()	要素の実行待ちのキューを削除する

stop()	要素の実行中のアニメーションを停止する
finish()	要素の全てのアニメーションを終了する

その他

DOM Element Methods

要素に関する各種操作です。

get()	指定したインデックスの要素を取得する
index()	要素のインデックスを取得する
toArray()	要素を配列に変換する

Data

要素に持たせるデータに関する設定です。

data()	要素のデータを設定もしくは取得する
jQuery.hasData()	要素がデータを持っているか調べる
removeData()	要素のデータを削除する

ユーティリティ

任意の要素を調べたり、配列やオブジェクトを扱うことができます。

jQuery.contains(container, contained)	container が contained を含んでいるか調べる
jQuery.isArray()	配列かどうか調べる
jQuery.isEmptyObject()	空のオブジェクトかどうか調べる
jQuery.isFunction()	関数かどうか調べる
jQuery.isNumeric()	数値かどうか調べる
jQuery.isPlainObject()	プレーンオブジェクトかどうか調べる
jQuery.isWindow()	ウインドウかどうか調べる
jQuery.isXMLDoc()	XML かどうか調べる
jQuery.each()	配列やオブジェクトを扱う
jQuery.grep()	配列から条件を満たす要素を抜き出す
jQuery.inArray()	配列内で条件を満たす要素のインデックスを返す
jQuery.unique()	配列から重複した要素を削除する
jQuery.makeArray()	オブジェクトを配列に変換する
jQuery.map()	関数を使用して配列やオブジェクトを変換する
jQuery.merge()	配列を連結する
jQuery.extend()	オブジェクトを連結する
jQuery.data()	データを設定および取得する
jQuery.removeData()	データを削除する

jQuery.queue()	キューを参照もしくは操作する
jQuery.dequeue()	次のキューを実行する
jQuery.globalEval(code)	codeをJavaScriptとして実行する
jQuery.noop()	空の関数
jQuery.now()	現在時刻を調べる
jQuery.parseHTML(data)	dataをHTMLとして配列に格納する
jQuery.parseJSON(json)	jsonをJSONとして扱う
jQuery.parseXML(data)	dataをXMLとして扱う
jQuery.proxy()	自分以外の要素を参照する関数を作成する
jQuery.trim(str)	strの最初と最後のホワイトスペースを削除する
jQuery.type(obj)	objの型を調べる

INDEX

索引

た～は行

ま～ら行

神田 幸恵（かんだ ゆきえ）
Speaking Design 代表。
Webデザイナーとして正社員、派遣社員を経験後、独立。
副業や就職・転職、独立等、Webデザインを通じて自己実現を叶えるためのセミナーやワークショップを多数行っています。
https://speakingdesign.com/

デザイン：坂本 真一郎（クオルデザイン）
編集：諸橋 卓
DTP：山口 良二

本書の学習用サンプルファイルは、下記URLからダウンロードできます。
https://www.shoeisha.co.jp/book/download/9784798136226

jQuery（ジェイクエリ） 標準デザイン講座

2015年 12月15日　初版第1刷発行
2021年　4月15日　初版第5刷発行

著　者	神田 幸恵
発行人	佐々木 幹夫
発行所	株式会社 翔泳社（https://www.shoeisha.co.jp）
印刷・製本	大日本印刷 株式会社

©2015 Yukie Kanda

＊本書は著作権法上の保護を受けています。本書の一部または全部について（ソフトウェアおよびプログラムを含む）、株式会社 翔泳社から文書による許諾を得ずに、いかなる方法においても無断で複写、複製することは禁じられています。
＊本書へのお問い合わせについては、002ページに記載の内容をお読みください。
＊本落丁・乱丁はお取り替えいたします。03-5362-3705までご連絡ください。

ISBN 978-4-7981-3622-6　Printed in Japan

星野